제2판

CGC 훈련

The Official
AKC® 가이드

CANINE GOOD CITIZEN®

예의 바른 반려견을 위한
10가지 필수 기술

Mary R. Burch, PhD 저
강성호·김윤·정재원·양지민·허정인·진인선·조예린 역

목차

감사의 글

"Canine Good Citizen: Ten Essential Skills Every Well-Mannered Dog Should Know"는 미국켄넬클럽의 'Canine Good Citizen(CGC) 프로그램'에 대한 궁극적인 가이드다.

CGC 프로그램은 모든 연령의 반려견을 위한 기본 훈련들 중 최상의 표준이며, 1백만 마리 이상의 반려견이 이 CGC 자격증을 받았다. 많은 반려견 훈련 프로그램이 있지만 CGC만큼 큰 영향력을 보인 것은 없다. 이 책은 열 가지 기술에 대한 각각의 교육 관련 팁을 제공하며, 제안된 모든 기술은 건강한 행동 원칙에 기반한다. 특별 응용 프로그램을 다루는 장에서는 전국적인 모델로 여겨진 고유의 CGC 프로그램에서는 볼 수 없었던 흥미로운 정보를 제공한다. CGC 프로그램의 배경에 대한 추가적인 정보, 책임감 있는 보호자 서약, 그리고 CGC 전후에 반려견과 함께할 수 있는 활동들은 반려견을 소유하거나, 반려견을 사랑하는 모든 사람과 관련이 있다. AKC Therapy Dog 프로그램, AKC Trick Dog 및 AKC FIT DOG와 같은 최신 프로그램 또한 소개된다.

메리 버치(Mary R. Burch) 박사는 AKC Family Dog Program의 디렉터다. 버치 박사는 수상 경력을 가진 반려견 관련 서적 작가로서 "Volunteering with Your Pet", "The Border Collie" 및 "How Dogs Learn"을 포함한 스무 권의 책을 집필했다. 버치 박사는 고급 단계의 복종도를 지닌 반려견을 훈련했으며, 그녀는 인증된 적용 동물 행동학자 및 국제 행동 전문 분석가다. 그녀는 라디오, 텔레비전 및 인쇄 매체에서도 상담가로서 자주 출연한다.

데니스 스프렁(Dennis B. Sprung)은 미국켄넬클럽의 CEO이며 회장이다. 그는 "AKC Dog Care and Training"을 포함한 다른 많은 AKC 책과 출판물에 대한 책임자로 지내왔다. 반려견 스포츠에 50년 이상 종사한 스프렁 씨는 반려견 소유자, 전시자, 사육가, 심사위원, AKC 대표 및 종합 종인 클럽의 회장직을 해왔다. 스프렁 씨는 세계적으로 유명한 반려견 관련 전문가들과 자주 교류하고 세계 각지를 돌며 반려견 관련 이벤트에 참여한다.

사진작가 데이비드 우(David S. Woo)는 미국켄넬클럽을 위한 전문적인 멀티미디어 전문가로, AKC 통신을 위한 비디오 및 사진 작업, AKC 도서관 및 아카이브의 디지털화를 전문으로 한다. 그는 메릴랜드 미술대학(Maryland Institute College of Art)에서 그래픽 디자인과 비디오로 BFA 학위를 받았으며 스쿨 오브 비주얼

아트(School of Visual Arts)에서 컴퓨터 아트로 MA 학위를 받았다. 우 씨는 미국에서 선두의 반려견 사진 작가 중 하나이며, 국내의 반려견 관련 이벤트에 자주 참여한다.

우리는 주제 전문 지식과 관련된 정보를 검토한 다음의 AKC 직원들의 수고를 인정하고자 한다.

- 캐리 데영(Carrie DeYoung)
- 팜 마나톤(Pam Manaton)
- 마리베스 오닐(Mari-Beth O'Neill)
- 헤더 맥마너스(Heather McManus)
- 다프나 스트라우스(Daphna Straus)
- 더그 융렌(Doug Ljungren)
- 캐롤라인 머피(Caroline Murphy)

우리는 특히 열심히 일하고, 헌신적인 AKC 인증 평가자들이 AKC Family Dog 프로그램을 위해 놀라운 일을 해준 것에 대해 감사드린다.

서문

CGC의 필요성

현재 미국 가정의 68%에서 살고 있는 9,000만 마리의 반려견은 이전보다 더 인기가 있음을 증명한다. 현재 반려견 용품, 간식 및 훈련 서적에 570억 달러라는 어마어마한 금액이 소비되고 있으며, 이는 보호자들이 반려견을 사랑하고 최선을 다하고 있다는 사실을 입증한다. 그러나 인쇄물 및 디지털 미디어에 대한 반려견 정보가 증가함에도 불구하고 미국은 반려견 관리에 관해 몇 가지 문제를 앓고 있다. 그 이유는 무엇일까?

반려견을 키울 때 책임감을 갖는 보호자가 더 많지만, 일부 보호자는 시간 문제와 반려견의 요구 사항을 이해하지 못해 반려견을 훈련하지 않은 채로 키우고 있다. 골치 아픈 개 짖음에서 어린이를 공격하는 문제까지 다양한 문제로 인해 많은 지역사회에서는 제한적인 법률과 깊은 우려로 대응하고 있다. "반려견 금지" 표지판이 개인 소유의 사업체 및 주거 지역에서 자주 보인다. 훈련되지 않은 반려견을 가진 사람들, 그들과 접촉하는 사람들, 그리고 반려견 자체가 고통을 겪고 있다.

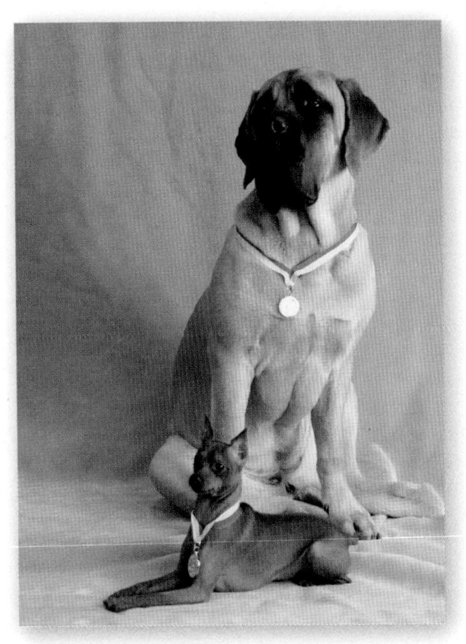

미국켄넬클럽®(American Kennel Club, 이하 AKC®) Canine Good Citizen®(CGC®) 프로그램은 어떻게 모든 반려견이 훌륭하게 행동하고 어느 지역사회에서든 환영받을 수 있도록 하는지를 묻는 긴급 질문에 대한 해답이 된다. 이것은 단순히 또 다른 훈련 가이드가 아니다. AKC의 CGC 자격증을 획득하기 위해서 음성 행동적 원리에 기반한 규정적 접근과 자세한 교육과정을 제공하는 최초이자 유일한 책이다.

반려견 전문가로서 미국에서 135년 이상을 유지해온 AKC는 모든 연령과 종류의 반려견을 대상으로 한 훈련의 최적의 표준인 CGC를 개발했다. 순종견과 혼종견을 아우르는 모든 반려견이 CGC 프로그램에 참여할 수 있다. CGC 자격증을 획득하기로 결정하든지 아니든지, 이 책은 책임감 있는 보호자가 되기 위한 기반을 제공하며, 반려견 자체에게도 훌륭한 예의를 갖춘 동물이 되게 하는 데 필요한 기술을 가르치는 방법을 보여줄 것이다.

이전에는 AKC CGC 프로그램 또는 CGC 자격증을 획득하도록 반려견을 준비하는 간편하고 유익한 책에 대한 결정적인 요구가 없었다. 그런데 1950년대 미국 전역의 가족들은 함께 흑백 텔레비전을 통해 이상적인 반려견의 상징, "래시(Lassie)"를 관람했고, 이 아름다운 콜리(Colley)는 부르면 즉시 오고 명령에 따라 창문을 통과하며 길을 잃은 어린 소년을 본능적 감각을 통해 찾아냈다. 시청자들은 그를 통해 훈련된 반려견이라는 개념에 감명을 받았고 추후 "Leave It to Beaver" 시대에 접어들며 사람들은 반려견을 가족 구성원으로 인식하기 시작했다.

버니즈 마운틴 독(Bernese Mountain Dog)인 피오나(Fiona)는 CGC 타이틀을 받은 백만 번째 반려견이다. AKC 회장인 데니스 스프렁(Dennis Sprung)은 피오나와 그녀의 자랑스러운 보호자인 노라 파보네(Nora Pavone)에게 기념 명판을 수여한다.

그러나 1980년대에는 책임감 없는 보호자들에 의해 일어나는 문제로 "인간의 가장 친한 친구"라는 평판이 급격하게 변하고 손상되었다. 몇 건의 반려견에 의한 습격과 사망사고에 대한 그래픽 미디어 보도 이후, 1980년대 미국 언론은 이런 문제 상황 속에서 이를 "핏불 광기(Pit Bull Hyisteria)"로 묘사했다. 핏불의 공격에 대한 보도는 모든 크고 근육진 반려견에 불필요한 오명을 초래했다. 감정적으로 격양된 많은 기사와 텔레비전 보도는, 이러한 끔찍한 사건이 반려견들이 아닌 반려견 보호자들의 잘못이라고 언급하는 것과 부정적인 감정들은 반려견 보호자에게 향해야 한다는 사실을 전달하길 피했다. 결국, 1980년대에는 점점 더 많은 주 및 지방 정부가 반려견 소유에 제한을 두는 법률을 제정하게 되었다.

2000년 이후서부터 이러한 제한은 더 많은 지방 자치체에서 계속 증가하고 있다. 예를 들어 어떤 곳에서는 가구당 소유할 수 있는 반려견의 수에 제한이 있거나, 특정 주거 및 레크리에이션 지역에서 반려견을 전면 금지하는 경우도 있으며, 몇몇 도시에서는 완전히 특정 종에 대한 금지가 이루어져서, 어떤 가족들은 종종 반려동물을 다른 집에 맡기거나 며칠 내에 이사를 떠나야만 했다.

미국켄넬클럽의 CGC 테스트는 모든 반려견이 알아야 하는 기본 훈련 기술을 평가한다. 열 개의 시험 항목은 아래와 같다.

1. 친근함을 보이며 다가오는 낯선 사람 수용하기
2. 낯선 사람과의 접촉에서 공손히 앉아 있기
3. 외모와 그루밍
4. 산책 나가기(느슨해진 목줄로 걷기)
5. 군중 사이로 걷기
6. 앉기, 엎드리기, 제자리에서 기다리기
7. 호출 시 오기
8. 다른 반려견에 대한 반응
9. 방해물에 대한 반응
10. 감독하의 분리

제한적인 법률 및 반려견과 관련된 문제를 상쇄하기 위해 미국켄넬클럽 CGC 프로그램은 반려견 보호자들에게 책임감을 갖도록 가르치고 있다. 2019년까지 뉴욕 브루클린의 노라 파보네가 소유한 버니즈 마운틴 독인 피오나는 CGC 타이틀을 받은 백만 번째 반려견이 되었다. 더 많은 반려견 보호자가 CGC 책임감 있는 보호자 서약을 받아들이고 반려견에게 CGC 교육을 제공함에 따라 여러 지역사회에서 반려견을 환영하도록 만들 수 있다. 반려견을 사랑하는 사람들의 권리를 보호해야 할 필요성을 오래 전에 알고 있던 AKC는 1989년에 CGC 프로그램을 도입하여 가정 및 지역사회에서의 반려견에 대한 책임감을 가질 것을 촉진했고 가정 및 지역사회에서의 훌륭한 행동을 인정하는 것을 목표로 설정했다. 프로그램은 전국 단위로 구현되기 전에 미리 수백 마리의 반려견을 여러 버전으로 현장 평가함으로써 검증되었다. 현재 형식에서 CGC 자격증은 반려견 소유에 대한 책임감 약속을 의미하며 열 가지 CGC 시험 항목을 통과하는 것은 반려견이 기본적인 지시에 따라 움직일 수 있고, 목줄을 하고 있는 동안 간단한 음성 신호에 응답할 수 있으며, 가장 중요한 부분인 다른 사람 및 다른 동물과 공존이 가능하다는 것을 의미한다.

이러한 기술은 모든 반려견 기본 교육의 일부가 되어야 한다. 포괄적인 CGC 프로그램은 반려견 보호자들에세 반려견 기본 예의범절을 가르치는 것뿐만 아니라 보호자들에게 소유의 책임을 교육함으로써 보호자들이 반려견과 함께하는 것을 최대한 즐길 수 있도록 한다.

CGC 프로그램은 순종견과 혼종견을 포함한 모든 반려견에게 열린 경쟁이 없는 프로그램이다. CGC 프로그램의 핵심은 반려견이 지역사회의 훌륭한 구성원이 될 능력을 평가하는 시험이라는 것이다. 시험을 통과하여 얻는 CGC 자격증 또는 타이틀은 보호자가 훌륭한 예의범절을 갖춘 반려견을 키운다는 것을 증명한다.

CGC 자격증을 획득한 사람들에 대해서는 혜택이 점차 증가하고 있다. 예를 들어, 일부 장소에서는 CGC 자격증을 가진 반려견만이 공원과 등산로에 접근할 수 있으며, 특정 아파트 건물과 콘도 단지는 반려견이 CGC 자격증을 가지고 있어야만 입주가 가능하다. 미국의 몇몇 대형 서비스 및 치료 도우미견 기관은 CGC 시험 통과를 치료 도우미견의 전제조건으로 한다. 또한 치료 도우미견 작업 외에도 CGC는 AKC FIT DOG, AKC Trick Dog, 어질리티, 오비디언스, 랠리 등을 포함한 다양한 AKC 프로그램을 위해 완벽한 기초를 제공한다. 많은 4-H 그룹이 초급 반려견 훈련의 교육 과정으로 CGC를 추가했다. 그리고 2019년 기준으로 48개 주와 미국 상원이 CGC 결의안을 통과하였으며 국가의 입법자들이 책임 있는 반려견 주인의식을 증가시키고 훌륭한 예의를 갖춘 반려견이 지역사회에서 환영받을 수 있도록 CGC 프로그램을 지원한다는 것을 보여 주고 있다.

이 책은 반려견에게 CGC 시험 항목 중 각각의 기술을 가르치는 데 도움이 될 것이다. 당신은 반려견의 운동 방법, 반려견을 어떻게 가르치는지, 집에서는 어떻게 연습하는지, 또한 각 기술을 가르칠 때 고려해야 할 특별한 사항을 배우게 될 것이다. CGC 시험 항목의 중요성을 설명하기 위한 시나리오가 제시되어 있으며, 기재된 권장 사항의 이유를 이해할 수 있도록 행동 개념도 설명되어 있다.

반려견을 훈련하는 데에는 다양한 훈련 철학과 효과적인 방법이 있다. 이 책에서는 긍정적인 강화를 기반으로 한 접근 방식을 설명한다. "근처에서 CGC 훈련 및 테스트 장소 찾기"를 다루는 장에서는 당신과 반려견의 욕구를 가장 잘 충족하는 훈련사를 어떻게 찾을 수 있는지 확인할 수 있다. 각 장의 시작 부분에는 Canine Good Citizen Evaluator Guide에서 설명한 실제 시험 항목이 설명되어 있다.

CGC 타이틀은 반려견 훈련에 대한 보호자의 열정을 증명한다.

CGC 테스트 항목 1

친근함을 보이며 다가오는 낯선 사람 수용하기

이 시험은 반려견이 일상적인 상황에서 낯선 사람이 다가오는 것을 어떻게 받아들이는지, 그리고 핸들러*에게 어떻게 반응하는지 보여준다.

이 시험은 반려견이 핸들러 옆에 앉아있는 것부터 시작한다. 평가자는 반려견과 핸들러에게 다가가 반려견을 무시한 채 핸들러에게 친절하게 인사한다. 평가자와 핸들러는 "안녕하세요, 다시 만나서 반가워요"와 같은 인사말을 주고받는다. 이 시험에서 평가자는 반려견과 교류하지 않는다. 평가자와 핸들러는 악수를 할 수 있을 정도로 가까이 선다.

- 반려견은 공격성이나 소심함을 보여주어선 안 된다.
- 반려견은 평가자와의 접촉을 위해 달려들지 않아야 한다. 반려견은 평가자에게 인사하기 위해 앞으로 달려가지 않아야 한다.
- 반려견은 시험 내내 통제되어야 한다. 만약 핸들러가 반려견을 제어하기 위해 과도한 교정, 예를 들어 반려견이 점프하지 못하도록 잡으려는 시도를 해야 한다면, 반려견은 시험을 통과하지 못한다.

대부분의 사람은 공공장소에서 행복하고, 친절하고, 활기찬 반려견들이 달려와 인사하는 모습을 본 적이 있을 것이다. 반려견의 보호자에게 인사하기 위해 다가가면, 어느새 활기찬 반려견으로부터 축축한 키스를 받게 된다. 반려견을 사랑하는 사람들에게는 행복해하는 반려견의 입맞춤을 받아서 행복할지 모른다. 하지만 때로는 조용한 산책을 즐기고 싶거나 깔끔한 복장을 입고 있을 때, 건장한 반려견이 달려오는 것은 반가운 일이 아닐 수도 있다.

어떤 사람들은 반려견을 굉장히 무서워한다. 지나치게 열정적이고 큰 몸집의 반려견이 달려와 통제 불능 상태에 빠진 것처럼 보일 때, 반려견이 선의의 인사를 하고 있음에도 불구하고 사람들은 두려움과 불편함을 느낀다. 사람을 쓰러뜨리거나 할퀼 정도로 열렬한 인사를 하는 반려견들은 추가 훈련을 받기 전까지는 요양원 등의 치료 환경에서 '치유견**'으로 적합하지 않다.

반려견이 인사하기 위해 사람에게 뛰어오르고, 누군가의 무릎에 뛰어오르고, 흥분해서 누군가에게 달려드는 것이 받아들여질 수 있을까?

---

* 핸들러: 반려견을 컨트롤하고 다루는 사람

** 치유견: 마음을 치료하는 역할을 하는 반려견

2020년 코로나19와 관련된 변화 이후 CGC의 '악수'는 악수를 가장하거나 고개를 끄덕이는 것이다.

그럴 수도 있겠지만, 핵심은 반려견이 "다가오는 낯선 사람"과의 신체적 접촉을 허락받았는지의 여부다. 책임감 있는 반려견 보호자가 되는 것은 반려견이 결코 다른 사람의 권리를 침해해서는 안 된다는 것을 항상 염두에 두어야 한다. 친절한 반려견이라도 허락 없이 길에서 만난 사람에게 달려가거나 누군가의 무릎 위로 뛰어올라가서는 안 된다.

당신과 반려견이 공공장소에서 누군가를 만났을 때, 그 사람을 보는 것만으로 지나치게 흥분하지 않더라도 다른 문제가 있을 수 있다. 어떤 반려견들은 상냥함과 정반대되는 성격을 가지고 있다. 이런 반려견들은 낯선 사람이 다가오면 보호자 뒤에 숨거나, 낯선 사람을 멀리하거나, 경우에 따라서는 부적절하게 소변을 볼 수도 있을 정도로 수줍음이 극도로 많다.

차분하고 침착한 태도로 다가오는 낯선 사람을 만나는 것은 모든 반려견이 보호자가 아닌 다른 사람들에게 좋은 평가를 받기 위해 필요한 기술이다. 새로운 사람들을 만나는 것은 사회화의 범주에 속한다. 사회화는 사회에서 통용되는 방식으로 다른 이들과 상호작용하는 법을 배우는 것을 의미한다. 반려견들은 다른 반려견뿐만 아니라 가족 외의 사람들과 교류하기 위해 사회화될 필요가 있다. 반려견을 사회화시키는 것은 책임감 있는 보호자로서 당신이 할 수 있는 가장 중요한 일이다. 사회화 활동은 반려견이 강아지일 때부터 시작해야 하고 반려견의 일생 동안 계속되어야 한다.

CGC 테스트에서의 "친절한 낯선 사람"은 당신과 반려견이 산책을 나갔을 때 마주칠 수 있는 사람을 연기한다. 이 테스트 항목에서 평가자가 접근하면, 당신은 인사를 하고 악수하는 척을 하며 간단한 소통을 할 것이다.

CGC 테스트 항목 1: 친근함을 보이며 다가오는 낯선 사람 수용하기에서 평가자는 핸들러와 소통한다. 악수는 평가자가 반려견과 핸들러를 만나는 거리를 보여주기 위한 것이었으나, CGC 테스트에서는 더 이상 악수를 하지 않는다.

CGC 테스트에서 접근하는 낯선 사람은 반려견과 함께 살지 않는 사람이고, 수업시간에 매주 반려견을 다뤄온 강사도 아니며, 반려견을 잘 아는 전문가도 아니다.

테스트의 요점은 보호자가 낯선 사람을 만나고 짧은 교류를 할 동안 반려견이 사회화된 행동을 하는 것이다. 낯선 사람은 반려견에게 말을 걸거나 쓰다듬지 않는다. (쓰다듬기는 이후의 테스트에서 나올 것이다.)

사회화가 중요한 이유

적절한 사회화는 행복하고 순응적이며 새로운 사람들을 만나고 싶어 하는 반려견을 키우는 데 필요한 열쇠 같은 것이다. 사회화가 잘 된 반려견들은 친근하며 순종적이다. 이러한 반려견들은 다른 사람들에게 신뢰를 주고 예측 가능한 행동을 하는 안전한 동물이라는 인상을 준다. 좋은 시민의 역할을 하는 반려견들은 흠잡을 데 없는 매너를 보여준다. 이들은 다가오는 낯선 사람을 친근하게 받아들이고 사회 공동체의 일원으로 자리 잡는다.

매너가 좋고 호감을 받는 것 외에도, 모든 반려견이 CGC 기술을 가져야 하는 또 다른 중요한 이유가 있다. 오늘날, 일부 반려견 보호자들의 무책임한 행동으로 대부분의 반려견 권리를 잃고 있다. 많은 주에서 BSL*(Breed-specific legislation)이 상정되거나 통과되었다.

DID YOU KNOW?

소형견들은 CGC 훈련으로 혜택을 받을 수 있다. 사회화가 없다면, 소형견들은 새로운 사람들과 상황에 대한 두려움이 커질 수 있다.

* BSL: 미국의 견종 특정 법령

BSL은 특정 견종을 대상으로 삼는 법이다. 특정 도시에서 특정 견종의 반려견을 금지하는 법은 BSL의 한 예로 볼 수 있다. BSL은 품종 내 개별 반려견의 훌륭한 태도나 고급 훈련 여부를 고려하지 않고 견종 전체를 대상으로 한다. 이러한 법률은 반려견 보호자의 권리를 제한하고 대부분의 경우 중형에서 대형 견종을 주로 대상으로 한다. 많은 사람이 큰 반려견들이 위험하다고 인식하기 때문에, 반려견 보호자들이 그들의 반려견에게 통제된 방식으로 사람들을 만나도록 가르치는 것은 중요하다. 그러나 더 중요한 것은 견종이 아닌 행위이다.

작은 반려견들 또한 사회화가 필요하다. 작은 반려견의 사회화란 목줄을 매고 걷는 방법, 사람들과 다른 동물들과 소통하는 방법과 같은 유용한 기술을 가르치는 것이다. 소형견의 적절한 사회화는 반려견이 주변의 세상에 대해 두려움을 갖지 않도록 해준다.

사회화의 이해

사회화는 다른 이들과 상호작용(또는 교제)하는 것을 의미한다. 사회화는 반려견을 사람, 장소, 상황, 소음, 다른 반려견과 고양이, 새, 말과 같이 다른 종들에 노출시키는 것을 포함하는 더 넓은 개념이다. 반려견을 적절하게 사회화시킨다는 것은 반려견이 자신감을 갖고 새로운 경험을 두려워하지 않게 되도록 세상에 지속적으로 노출시키는 것을 의미한다.

갓 태어난 강아지가 받을 첫 번째 사회화는 어미 개와 형제견들로부터 이루어진다. 실제로 강아지가 아직 자신의 형제와 함께 있는 시기가 있는데, 이것을 사회화 기간이라고 한다.

사교성이 좋은 반려견은 새로운 친구들을 만나서 행복해하고 함께하는 동안 침착하게 행동할 것이다.

위 AKC S.T.A.R. Puppy 졸업생들은 미래의 CGC 프로그램에서의 성공을 위한 훌륭한 출발을 하고 있다.

강아지들은 생후 2주 동안 대부분의 시간을 잠을 자고 약 90%의 시간을 잠자리에 사용한다. 강아지들은 눈을 뜨기 전에 어미와 형제들 쪽으로 몸을 돌려 온기를 유지한다. 일반적으로 그다음 3주간, 강아지들은 눈을 뜨고, 불안정한 다리로 비틀거리고, 형제들의 귀를 씹고 위를 올라 타 기어다니며 상호작용하기 시작한다.

강아지들이 태어난 지 3주에서 12주가 되면, 사회화 기간이 시작된다. 이는 강아지들이 자신의 삶에서 사람들 및 다른 반려견들(어미와 형제견)과의 사회적 관계를 발전시키기 시작할 때이다. 강아지들이 사회화 기간 동안 인간의 접촉에 노출되지 않는다면 시간이 지날수록 사람들에게 적응하기 어려울 것이다. 그렇게 된다면 인간과 유대감을 형성하는 데 어려움을 겪을 수도 있고 훈련하는 데 어려움을 겪을 수도 있다. 그런 반려견들의 훈련은 가능하지만, 그 과정에서 몇 가지 추가적인 어려움이 있을 수 있다.

비슷한 예시로, 만약 강아지들이 어떠한 이유로 아주 어린 나이에 형제들과 분리된다면, 나이가 들었을 때 다른 반려견들과 적절한 관계를 형성하는 것은 어려울지도 모른다. 이러한 강아지들은 다른 반려견들을 극도로 두려워하거나, 강압적이고 지배적으로 자랄 수 있다. 이들은 자신과 같은 종의 동물과 관계를 맺도록 배운 적이 없기 때문이다.

강아지가 어미와 형제로부터 배우는 가장 중요한 교훈은 물기 억제다. 물기 억제는 반려견이 물기 강도를 의도적으로 조절하는 것이다. 강아지가 젖을 빨 때, 강아지가 어미를 너무 세게 물면, 어미는 강아지를 도리어 물어버리거나 젖을 못 먹도록 일어나 떠나버림으로써 귀중한 교훈을 가르칠 것이다. 강아지는 곧 자신을 통제할 필요가 있다는 것과 세게 물어뜯는 것이 괜찮지 않다는 것을 배우게 된다.

강아지를 위한 놀이

강아지를 위한 놀이 예시(개와 모든 연령대의 사람들을 위함):

- 바닥에 앉아 강아지를 껴안거나 안아주기
- 강아지에게 마사지해 주기
- 강아지가 가장 좋아하는 장난감을 사용하여 놀아주기
- 강아지의 발과 귀를 만지고 마사지하기
- 장난감을 던져 강아지가 되찾도록 하기("가져와!")

강아지가 형제견과 함께 투박한 놀이를 하다가, 가끔은 형제를 조금 세게 물 수 있다. 물린 형제견은 튀어 오르며 비명을 내지를지도 모른다. 형제견은 놀이를 그만둘 수도 있고, 으르렁거리거나, 물려고 하거나, 짖으며 "아파! 그만해!"라고 말하고 싶을 것이다. 만약 강아지가 형제와의 재미있는 게임이 계속되기를 원한다면, 너무 세게 물면 안 된다는 것을 배운다.

책임감 있는 보호자들은 생후 2주 된 강아지들에게 사회화 활동을 제공한다. 보호자들은 강아지를 안고 마사지를 해주는 동안 음악을 연주하며 새로운 소리를 들려주는 것과 같은 가벼운 자극을 제공할 것이다. 강아지가 조금 더 커짐에 따라, 친구들을 초대하여 강아지를 만나고 안아볼 수 있도록 한다. 이렇게 해서 아주 어린 시절부터 강아지들은 사람을 만나는 데 익숙해지도록 하는 것이다. 강아지가 당신의 집에 왔을 때, 책임감 있는 보호자는 강아지를 차에 태우고 수의사 사무실로 데려갔었을 것이다. 그 강아지는 크레이트*에 노출되었을 것이고, 집에서 훈련하는 일정이 시행될 것이다.

가정 내에서의 사회화

당신이 강아지나 나이든 반려견을 입양해 집에 데려온 후에는 무엇을 해야 할까? 구조견, 보호소에서 온 반려견, 또는 힘든 경험이 있던 반려견을 입양했다면, 그 반려견은 가정과 지역사회에서 사회화가 필요하다.

* 크레이트: 케이지, 이동장

비록 반려견을 집으로 데려가는 날까지 책임감 있는 보호자가 모든 것을 제대로 해냈다고 하더라도, 반려견은 여전히 가정과 지역사회에서의 사회화가 필수적이다. 사회화는 짧은 기간 내에 이루어지고 멈춰도 되는 것이 아니다. 책임감 있는 반려견 보호자라면, 반려견의 사회화는 일상 생활의 자연스러운 부분으로 지속되어야 하는 활동이다.

반려견이 계속해서 사람들과 다른 동물들과의 좋은 관계를 유지하기 위해 당신이 취해야 할 첫 번째 단계는 놀이와 활동을 통해 반려견과 유대감을 쌓는 것이다. 모든 연령의 반려견 위한 매일의 강아지 놀이 시간은 엄청난 가치가 있다. 강아지 놀이 시간에서는 형제견들과 함께하는 활동을 계속한다. 체계적인 매일의 놀이는 반려견이 평생 동안 기대할 활동이 될 것이다.

사회성이 좋은 반려견

어떠한 반려견들은 온순하다. 이들의 행동과 기질은 강아지 시절부터 새로운 사람들을 만날 때 차분하다. CGC 수업에 참여하는 운이 좋은 일부 보호자들은 어떤 설명도 받기 전에, 그들의 반려견이 CGC 테스트 항목인 친근하게 다가오는 낯선 사람 수용을 자연스럽게 통과한다. 만약 매우 차분하게 새로운 사람들을 만나는 반려견을 가진 보호자라면, 다른 새로운 기술을 가르치는 데 집중할 수 있다.

반려견들이 새로운 사람들을 만나는 데 문제가 있을 때 보통 두 가지 상황 중 하나를 포함한다는 것을 유념하라. 반려견들이 지나치게 활기차거나 극도로 수줍음을 타는 것이다. 이 두 가지 문제 모두 훈련과 새로운 사람들에 대한 노출로 해결할 수 있다. CGC 훈련을 시작하기 전에, 반려견이 낯선 사람을 받아들이기 위한 훈련이 필요한지 확인할 수 있다. 반려견(또는 강아지)을 데리고 동네 혹은 인근 공원을 산책하라.

사교적인 반려견은 공공장소에서 예의 바른 동반자이다.

누군가가 다가오면, 반려견을 쓰다듬는 것을 허용하라.

낯선 사람이 다가와 말을 걸면 반려견은 어떻게 행동하는가? 낯선 사람이 반려견을 쓰다듬는 동안 차분히 서서 통제를 받는다면 당신은 유리한 위치에 있는 것이다. 반려견이 낯선 사람에게 뛰어오르려고 하거나, 비켜서거나, 당신 뒤에 숨거나, 흥분해서 낯선 사람에게 달려들려고 하는가? 이런 행동들 중 하나라도 보이면, 당신은 반려견 훈련을 해야 할 것이다. 다가오는 낯선 사람을 환영하는 것은 공공장소에서 당신과 반려견이 누구든지 자신감을 가지고 만날 수 있고 즐거운 경험을 할 수 있도록 도와줄 것이다.

다른 성향의 반려견

활기 넘치는 반려견

활기 넘치는 반려견은 활동 레벨이 매우 높으며 에너지가 넘치며 굉장히 활발하다. 이러한 자신감이 가득 차 있고 기운이 넘치는 반려견은 몇 개의 매너만 배운다면 보호자에게 행복을 가져다 줄 것이다. 이런 성향의 반려견이 CGC 매너를 배우기 전에는 종종 보호자를 낯선 사람에게로 끌어당기는 시도를 할 수 있다. 자신감 넘치는 반려견들은 쉽게 자극을 받지만, 이러한 반려견들을 훈련할 수 있는 한 가지 방법은 매우 체계적으로 그들을 새로운 사람들, 상황 및 다른 동물들에 노출시키는 것이다.

CGC 테스트에서 "다가오는 낯선 사람"이 접근하는 동안 반려견에게 앉아있도록 가르칠 것이다(테스트 항목 2번 참조). 사회화가 필요한 반려견들을 위해, 당신은 반려견이 집이나 교실에 앉아 있도록 하는 것 외에도, 지역사회에서 정기적인 "현장 학습"에 반려견을 데려가고 싶을 것이다. 이러한 외출은 반려견에게 새로운 사람들을 만날 수 있는 많은 기회를 준다.

수줍음 많은 반려견

수줍음 많은 반려견이 다가오는 낯선 사람을 받아들이는 CGC 테스트 항목을 통과하기 위해서는 약간의 훈련과 경험이 필요할지도 모른다. 활기찬 반려견들과 마찬가지로, 수줍음 많은 반려견들 역시 행동을 천천히 교정하는 것이 좋다. 수줍은 반려견들은 자연스럽게 보호자와 교류하는 낯선 사람들에게 점차 둔감해질 수 있다. 수줍음을 타거나 겁이 많은 반려견과 함께할 때, 반려견의 수줍음에 과도한 주의를 기울이지 않는 것이 중요하다. 가끔씩 반려견을 안심시키는 것은 괜찮지만, 낯선 사람이 인사하러 다가올 때마다 벌벌 떠는 반려견에게 많은 관심을 기울인다면, 당신은 곧 모든 사람들에게 겁을 주는 반려견을 갖게 될 것이다. 수줍은 반려견을 지켜주는 대신, 새로운 사람들을 자신감 있게 만나는 방법을 가르치는 것이 더 나은 대처 방법이다. 수줍음 많은 반려견은 새로운 사람들을 만남으로써 좋은 일들이 생기는 것의 배움을 통해 혜택을 얻을 수 있다.

소형견

일부 반려견 보호자들은 어디를 가든 소형견을 데리고 다니는 좋지 않은 경향이 있다. 심지어 어떤 이들은 그들의 반려견에게 자신의 옷과 맞춰 옷을 입힌다. 소형견은 패션 액세서리도, 아기도 아니다. 소형견은 그들의 발이 땅에 닿지 않는 삶으로부터 행복할 수 없다. 아주 작은 반려견들을 포함한 모든 반려견은 CGC 프로그램에 의해 제공되는 훈련과 사회화를 받을 자격이 있다.

만약 당신이 새로운 사람이 다가왔을 때 떠는 것처럼 보이는 소형견을 본다면, 훈련을 받지 않았거나 적절하게 사회화되지 않은 반려견을 보고 있을 가능성이 높다. 소형견의 스트레스 증상은 두려움으로 발을 들거나 떠는 행동, 또는 보호자에게 인사하는 사람으로부터 물러나려고 시도하는 것이 포함된다. 만약 이런 상황을 목격한 적 있거나, 이것이 소형견에 대한 인상으로 인식되었다면 속지 마라.

소형견은 크기가 작을 수 있지만, 잘 훈련되고 적절하게 사회화되면 큰 개성을 가진 자신감 있는 반려견이 될 수 있다. AKC 행사에 참석하기만 하면 사회화가 잘 된 소형견들이 오비디언스에 성공하고, 어질리티에서 뛰어난 실력을 보이며 즐거운 스포츠인 랠리에서 멋진 활약을 펼치는 모습을 볼 수 있다.

작은 크기에도 불구하고, 소형견들은 액세서리가 아니며, 다른 반려견들처럼 사회화되고 훈련될 필요가 있다.

매주 주말 전국적으로 행해지는 CGC 테스트에서 소형견들은 보통 훈련을 잘하는 것으로 알려진 대형견들 못지않게 시험을 잘 통과한다.

그리고 도그쇼에 출전하는 소형견들에게 사회화를 할 수 있는 좋은 기회가 제공되는 것을 잊지 마라. 도그쇼는 매우 붐비는 행사이다. 소형견은 털을 깨끗하게 유지하기 위해 그들의 핸들러에 들린 채 이동할 수 있지만, 동시에 이들은 대회의 산만한 환경에서도 목줄을 단 채 활보할 수 있다. 그들은 또한 심사위원인 많은 친근한 낯선 사람들을 받아들인다.

보호소나 구조 단체에서 온 소형견은 어떨까? 소형견은 입양될 가능성이 높다. 보호소와 구조 단체들은 이 작은 반려견들에게 훈련과 사회화 기회를 제공할 가정을 고려하면서 소형견 입양에 대해 특히 선택적일 수 있다.

새로운 행동을 가르치기 위한 둔감화 훈련

당신이 체계적으로 반려견을 새로운 상황에 노출시키는 행동 절차를 둔감화라고 한다. 둔감화는 가장 문제가 적은 상황에서 가장 문제가 많은 상황으로 진행되는 단계별 접근을 포함한다. 예를 들어, 만약 반려견이 휠체어를 무서워한다면, 반려견을 휠체어가 방 한쪽에 위치한 방에 데려갈 수 있다. 그 후에는 점차적으로 반려견을 휠체어로 가까이 다가가게 할 수 있다. 그리고 나서 당신은 반려견을 움직이지 않는 휠체어에 가까이 접근하게 하고, 마지막으로 휠체어를 반려견 쪽으로 돌려서 익숙해지게 할 수 있다.

둔감화는 수줍은 반려견들에게 새로운 사람과 사물을 받아들이도록 가르치기 위해 사용될 수 있다.

둔감화로 다가오는 낯선 사람을 받아들이는 것을 가르치기 위해, 당신은 몇 가지의 행동 요소(반려견이 새로운 사람으로부터 떨어져 있는 거리, 사람이 당신과 교류하는 시간의 길이, 익숙한 사람과 낯선 사람, 그리고 매우 활기찬 사람과 그렇지 않은 사람)를 조작할 수 있다. 모든 CGC 활동과 훈련에서 반려견은 목줄을 매고 진행한다.

다가오는 낯선 사람을 받아들이는 활동은 사회적 상황에서 반려견의 좋은 매너를 위한 기초를 마련한다.

친근한 낯선 사람을 받아들이기 이상의 것

반려견이 8페이지에 언급된 모든 활동(낯선 사람과 교류할 동안 가만히 앉아 있는 것)을 할 수 있게 되면, 더 어려운 활동을 연습할 수 있다. CGC 테스트 항목 2, 3, 4, 5, 8, 9번은 첫 번째 항목인 '친근하게 다가오는 낯선 사람 수용'을 확장한 형태이다. 타인이 반려견을 쓰다듬고 다루는 것을 용인하고, 목줄을 매고 사람들 사이를 통과하고, 다른 반려견들과 방해물이 있는 곳에서 적절하게 반응하도록 하는 활동들이 있다. 일단 반려견이 친근한 낯선 사람을 받아들이는 법을 배우면, CGC 자격증을 받을 수 있는 올바른 방향으로 가고 있는 것이다.

친근한 낯선 사람을 받아들이도록 반려견을 훈련하라

1. 근처 공원, 반려동물 용품점, 혹은 다른 사람들을 만날 수 있는 곳에서 반려견을 산책시켜라. 사람이 지나갈 때 4.5미터 떨어진 곳에 반려견을 왼쪽에 앉혀라. 반려견이 흥분하지 않고 이 행동을 할 수 있는가?
2. 만약 누군가가 당신으로부터 4.5미터 떨어진 곳을 지나갈 때 반려견이 당신의 옆에 앉는다면, 이번에는 3미터 떨어진 곳을 지나갈 때 당신의 옆에 앉도록 하라. 만약 반려견이 흥분하거나 앉은 자세에서 사람 쪽으로 당신을 끌어당기려고 한다면, 거리를 늘려라. 또한 강아지에게 간식 보상을 줌으로써 앉는 것을 연습할 수 있다.

3. 누군가가 3미터 떨어진 곳을 지나갈 때 반려견이 당신 곁에 앉아있다면, 이번에 1.5미터 떨어진 곳에서 다시 시도를 하라.
4. 반려견이 1.5미터 떨어진 곳에 앉아 사람이 지나가는 것을 얌전히 본다면, 이번에는 그 사람에게 "오늘 날씨가 좋지 않나요?"와 같은 간단한 말을 건네보고 반려견이 어떻게 반응하는지 보아라. 이 상황에서 반려견이 적절하게 행동한다면 다음 단계로 넘어갈 준비가 된 것이다.
5. 이 시점에서 도우미가 필요할 수 있다. 당신의 친구, 이웃 또는 훈련 수업에서의 누군가에게 도와달라고 요청할 수 있다. 도우미에게 4.5미터 떨어진 곳에서 당신과 반려견을 기다릴 것으로 부탁하고, 당신이 그들에게 신호를 줄 때까지 기다리도록 하라. 반려견을 왼쪽에 두고 앉힌 후, 도우미에게 접근할 수 있는 신호를 주어라. 도우미는 "안녕하세요? 요즘 어떻게 지내시나요?"와 같은 인사말을 해야 한다. 당신이 대답하면 도우미는 떠나야 한다. 이 연습에서 도우미는 반려견에게 말을 걸거나 만지지 않아야 한다. 만약 반려견이 도우미에게 다가가려고 하면, 당신은 반려견에게 앉도록 요청하고, 그 이후에 반려견의 좋은 행동을 보상해야 한다. 어떤 반려견은 도우미가 4.5미터 떨어진 곳에서 시작하고 1.5미터 떨어진 곳에서 멈추어 당신과 반려견에게 인사할 때까지 여러 번 연습이 필요할 수 있다. 만약 수줍은 반려견이 이 연습 동안 당신 뒤에 숨으려고 한다면, 반려견을 안아 올리지 마라.
6. 5단계의 활동을 계속하라. 당신에게 접근하는 도우미들을 바꿔가면서 연습하라. 반려견에게 남성, 여성, 그리고 어린아이가 당신을 맞이하는 경험을 제공하라.
7. 성별과 나이에 상관없이 다양한 낯선 사람들과의 접근을 늘리는 것 외에도, 도우미들이 당신과 상호작용하는 방식을 다양화하도록 해야 한다. 처음에는 도우미가 당신에게 매우 무뚝뚝한 말투로 인사할 수 있다. 낮고 조용한 목소리는 낯선 사람을 경계하는 반려

반려견은 친근함을 보이며 다가오는 낯선 사람 수용하기 활동에서 낯선 사람이 접근할 때 앉아 있는 것부터 시작한다.

견에게 겁을 주지 않을 것이다. 반려견이 사람들을 만날 때 두려워하지 않거나 침착한 모습을 보여주면, 도우미로 하여금 활기찬 인사와 함께 접근하도록 하라. 생기 넘치는 목소리의 친근한 낯선 사람은 높은 목소리로 빠르게 다가와서 인사할 수 있다. 지역사회에서 활발하게 활동하는 반려견에게는 다양한 상황에 대응할 수 있는 능력이 필요하다. 이러한 기술은 치료 환경에서 큰 소리로 말하거나 빠르게 움직이는 사람들과 소통해야 하는 치유견에게도 필요하다.

8. 반려견이 낯선 사람의 접근에서 침착하게 행동한다면, 당신과 도우미 간의 언어적 소통 시간을 더 늘려라.
9. 사회화란 새로운 경험과 새로운 사람들과의 만남을 포함한다는 것을 명심하라. 산책하거나 외출할 때, 반려견이 잔디, 콘크리트, 매끄러운 바닥과 같은 다양한 지표면을 경험할 수 있도록 기회를 제공하라. 또한 반려견이 산책로에서 낮은 장애물을 뛰어넘도록 장려하고, 혼잡한 도로 근처에서 당신과 함께 걷도록 하라.
10. 앞의 연습에서 낯선 사람이 반려견에게 간식을 제공하도록 허용하라. 이렇게 함으로써 반려견은 다른 사람들과 양호하게 상호작용함으로써 긍정적인 결과를 얻을 수 있다는 것을 습득할 것이다.

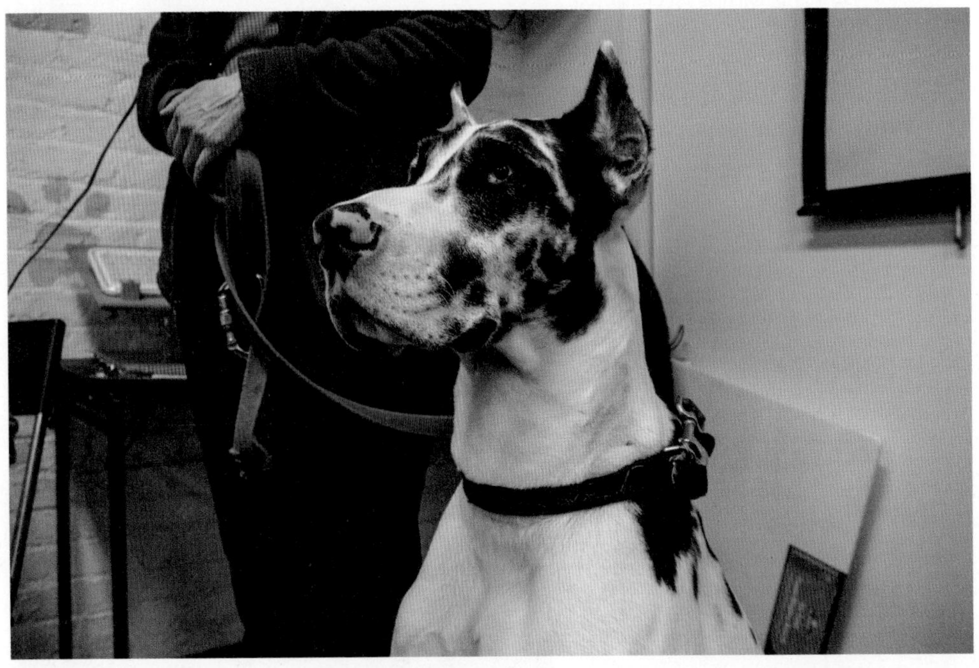

모든 반려견, 특히 대형견들은 사람에게 달려드는 행동을 해서는 안 된다. 대신, 보호자의 옆에 앉아있는 것을 권장한다.

CGC 준비하기

거실이나 뒤뜰에서 편안하게 훈련을 시작할 수 있지만, CGC 기술을 가진 반려견은 사회화가 잘 되고 공동체 생활에 필요한 매너를 가지고 있어야 한다. 그러므로 결국 공공장소에서 훈련을 진행해야 한다. 거실에서부터 집 앞의 거리, 그리고 이어서 블록 주변을 걸어보고, 그다음엔 근처 공원까지 이동해가며 훈련을 진행할 수 있다. 이후에는 반려견 클럽, 공원 또는 반려동물 용품점과 같이 활발한 환경에서 훈련을 받아 "졸업"할 수 있을 것이다.

이 책을 활용하면 스스로 CGC 테스트를 준비할 수 있지만, CGC나 기본 훈련 수업에 참가하는 것은 언제나 좋은 생각이다. 다른 반려견과 함께하는 수업에서는 도움과 추가 훈련 팁뿐만 아니라 (친근한 낯선 사람 역할을 할 수 있는) 도우미와 활발한 반려견들과 상호작용할 수 있는 기회가 주어진다. 특히 남성이나 어린아이들을 무서워하는 반려견을 키우는 경우, 수업 참가는 반려견에게 그들과 소통할 기회를 제공할 것이다. 교육 수업에 참여하기로 결정했다면, CGC 기술을 가르치는 특별한 수업을 찾아보는 것이 좋다. 하지만 지역에서 해당 수업을 찾을 수 없다면, 기본적인 오비디언스 훈련 수업은 CGC 테스트의 많은 부분을 다룰 수 있다. 강사에게 목표가 CGC 테스트 통과임을 명확히 전달해보아라.

CGC 테스트 항목 2

낯선 사람과의 접촉에서 공손히 앉아 있기

이 테스트는 반려견이 핸들러와 외출하는 동안 낯선 사람이 자신을 만질 수 있도록 허용하는 것을 보여주기 위함이다.

반려견이 핸들러 옆에 앉아 테스트를 시작할 때 평가자가 다가와 "반려견을 쓰다듬어도 될까요?"라고 묻는다. 그런 다음 평가자는 반려견의 머리와 몸을 쓰다듬는다. 핸들러는 이 활동 내내 반려견과 이야기를 나눌 수 있다. 반려견을 쓰다듬은 후, 평가자는 다음 테스트 항목을 위해 반려견 주위를 돌거나 단순히 뒤로 물러날 수 있다.

- 반려견은 부끄러워하거나 분개하는 기색을 보여서는 안 된다.
- 평가자가 반려견을 쓰다듬기 시작하면 반려견은 쓰다듬기를 받기 위해 서 있어야 한다.
- 반려견은 쓰다듬기를 피하기 위해 몸부림치거나 몸을 빼서는 안 된다.
- 반려견은 쓰다듬기를 받기 위해 약간 앞으로 움직일 수 있지만 평가자에게 달려들거나 뛰어올라서는 안 된다.
- 반려견은 평가자와의 접촉에 만족하며 약간의 움직임이 있어도 된다.
- 반려견은 활동 내내 통제되어야 한다.

상쾌한 가을날 반려견을 데리고 평화로운 산책로를 걷는 것보다 더 좋은 것은 없다. 당신과 새로운 반려견, 단 둘이서만 떠나보아라. 이런 경험에서 오는 기쁨은 많은 사람들이 반려견을 가족 구성원으로 받아들이는 이유다. 당신은 시원한 바람을 즐기며, 반려견은 산책로를 따라 냄새를 맡고 경치를 즐기며 즐겁게 놀고 있다. 몇 분 후에 사람들이 당신을 지나치기 시작한다.

당신은 CGC 자격증을 목표로 반려견이 친근한 낯선 사람을 수용하는 법(CGC 테스트 항목 1번)을 가르쳤기 때문에, 낯선 사람이 지나가면서 인사를 하면 반려견은 적절하게 행동할 것이다. 그러나 조만간 당신은 반려견에 대한 비밀을 알게 될 것이다. 그 비밀은 개와 강아지들은 사람들을 매우 좋아한다는 것이고, 이 세상에 반려견을 사랑하는 사람들은 굉장히 많다는 것이다. 반려견을 사랑하는 사람들이 반려견을 볼 때, 이 멋진 반려견을 만지고, 껴안고, 반려견에 대해 질문을 하고, 상호작용하고 싶어 한다.

반려견들이 우리 공동체의 존중받는 구성원으로 남아있기 위해, 모든 반려견들은 사람들을 만날 때 침착하고 위협적이지 않아야 한다.

CGC 훈련을 시작한 지 얼마 안 된 반려견에게 있어서 지나가는 낯선 사람들이 인사하고 날씨가 아주 좋다고 얘기하는 것은 하나의 일이다. 하지만, 열정적인 사람이 반려견을 쓰다듬고, 껴안고, 소란을 피우는 것은 다른 이야기이다. 훈련을 막 시작한 반려견들뿐만 아니라 훈련을 받지 않은 반려견들은 낯선 사람의 쓰다듬기가 시작되면 꿈틀거리고, 돌고, 점프하는 말썽꾸러기로 변한다. 어떤 반려견들은 그들이 쓰다듬을 때 뒹굴기도 하고, 매우 활동적인 반려견은 낯선 사람에게도 뛰어오르기까지 한다. 이러한 행동들은 열정적이거나 흥분된 반려견의 징후일 수 있다. 배를 드러내기 위해 몸을 구르는 반려견은 순종적이거나 수줍음을 잘 타는 반려견일 수 있다. 이러한 완벽하지 못한 행동을 바로잡기 위해서는 훈련이 필요하며, CGC 테스트의 항목 2(낯선 사람과의 접촉에서 공손히 앉아 있기)는 바로 이 훈련을 평가한다.

많은 반려견들은 한 번도 만난 적이 없는 사람을 봤을 때 통제력을 잃는다. 이러한 반려견들은 CGC 훈련이 필요하다. 대조적으로, 몇몇 반려견들은 행복한 꼬리를 흔들며 처음 보는 사람들에게 인사할 때 흠잡을 데 없는 매너를 보여주는 인상적인 능력을 가지고 있다. 이러한 반려견들은 조용히 앉아서 쓰다듬기를 받고, 사람들을 편안하게 해줄 것이다. 동물 보조 치료 환경에서 이러한 반려견들은 신뢰할 수 있고 안전한 동물로 대우받으며 존중받는다.

강아지 시절, 사람들 주변에서의 경험 부족이나 사람에 대한 제한된 노출 때문에 일부 반려견들은 쓰다듬기를 받을 때 잘 반응하지 않을 수 있다. 이런 반려견은 새로운 반려견 친구를 사귀기 위해 열정적으로 노력하는 사람에게 냉담하고 무관심한 것처럼 보일 수 있으며, 때로는 외면할지도 모른다. 이런 사교적이지 않고 무관심한 반려견은 실제로 자신을 쓰다듬으려는 사람으로부터 멀어질 수도 있다.

만약 당신이 이런 반려견을 키운다고 해도 절망하지 마라. 훈련과 사회화를 통해 매일의 놀이 시간을 함께하는 것은 반려견이 더 사회적으로 행동하도록 돕는 효과적인 방법이다. 반려견이 지속적으로 CGC 테스트 항목 2번을 수행할 때 공공장소에서 새로운 사람들을 만날 수 있고, 모든 손님들이 당신과 반려견으로부터 환영받아, 집에 방문객을 손쉽게 맞이할 수 있는 반려견을 가질 수 있을 것이다.

반려견이 쓰다듬기를 받는 동안 공손하게 앉는 법 교육

연습과 빈번한 노출을 통해, 반려견은 이미 CGC 테스트 항목 1번, 즉 친근한 낯선 사람을 받아들이는 것을 배웠다. 이 활동에서는 낯선 사람이 반려견의 보호자인 당신에게 다가와 대화하는 동안 반려견은 침착하고 집중해야 한다.

다음 단계에서는 반려견이 낯선 사람이 다가와서 말을 걸며 손을 내밀어 반려견을 쓰다듬는 동안 당신의 옆에 앉는 방법을 배우게 될 것이다. 반려견이 통제되는 상황에서 낯선 사람이 반려견을 쓰다듬도록 허용함으로써, CGC 훈련의 핵심 원칙에 접근한다. CGC 훈련을 받은 반려견들은 주변 사람들을 편안하게 만들어준다.

반려견을 위한 공손히 앉아있기 기술은 세 가지 주요 구성 요소로 이루어져 있다. 첫 번째로 대기하는 것, 두 번째로는 쓰다듬기를 받아들이는 것, 그리고 마지막으로는 보호자가 아닌 다른 사람이 반려견을 쓰다듬을 때 앉아 있어야 하는 것이다. 이 책은 CGC 테스트 기술을 개발하기 위한 방법과 훈련 팁을 제공한다. 경험이 풍부한 지도자가 당신과 반려견에게 가장 효과적인 훈련 전략을 선택하는 데 도움을 줄 수 있음을 기억하라.

"낯선 사람과의 접촉에서 공손히 앉아있기" 활동은 반려견을 앉은 자세로 만드는 것이다.

반려견이 앉아있는 동안, 평가자가 반려견에게 접근하여 쓰다듬는다.

"앉아"가 중요한 이유

반려견에게 명령이나 신호에 따라 앉도록 가르치는 것은 가르치기 가장 쉬운 것 중 하나이며, 반려견이 배울 수 있는 제일 중요한 기술 중 하나다. 반려견을 훈련할 때는 때로는 그들이 자연스럽게 하지 않을 고난도의 기술을 가르쳐야 할 때가 있다. 그러나 다행히도, 반려견은 이미 앉는 방법을 알고 있다. 여기서 중요한 역할은 당신이 반려견에게 앉는 법을 가르치는 것이다.

행동적인 측면에서, 반려견이 앉는 것은 자극 통제의 결과로 발생한다고 설명할 수 있다. 이는 당신이 "앉아"라고 말하면 반려견이 그 명령에 따라 앉는 것이 자극 통제의 일부라는 의미이다. 그러나 "앉아"라고 여러 번 말해야 하거나 물리적으로 반려견을 앉도록 해야 한다면, 이는 "앉아"라는 명령이 반려견에게 효과적으로 전달되지 않았다는 것을 나타낸다.

신호에 따라 앉도록 훈련하는 것은 반려견을 훈련하는 가장 중요한 구성 요소 중 하나이며, 반려견 훈련의 핵심 부분이다. 이것은 반려견 훈련의 기초를 이루는 부분 중 하나다. 극단적인 상황에서, 앉는 기술은 반려견의 생명을 구하는 데 도움이 될 수 있다. 예를 들어, 만약 어떤 이유로 반려견이 길 건너편에서 목줄 없이 차가 오는 길을 건너려 한다면, 반려견을 부르는 것은 위험한 선택일 수 있다. 그러나 만약 반려견이 신호에 따라 앉을 수 있다면, 당신은 큰 목소리로 "앉아!"라고 소리쳐 반려견을 안전한 위치에 앉도록 할 수 있다.

반려견이 보호자의 곁에 공손하게 앉아 있을 때, 다른 사람들은 그의 주변에서 안정감을 느낀다. 처음에는 쓰다듬기 받는 법을 배우는 데 수줍어하는 반려견들도 결국 쓰다듬기를 즐기는 방법을 배울 수 있다.

상황과 관련 없이 앉기는 예의 바른 태도의 기본이다. 위 반려견은 AKC Temperament Test에서 평가를 받고 있다.

앉기 신호는 두 가지 주요 용도가 있다. 첫 번째는 일상 생활에서 반려견과 함께하는 활동에 활용되는 기술이다. 예를 들어, 누군가가 방문할 때, 당신은 반려견에게 방문자를 안내하면서 앉도록 지시할 수 있다. 또한, 손을 쓸 상황이 아니거나 반려견이 가만히 있어야 할 때 앉기 명령을 사용할 수 있다. "앉아" 명령을 사용하는 다양한 상황의 예시가 있다. 반려견을 병원에 데려갈 때, 차에서 내리기 전에 컴퓨터 케이스, 지갑 및 필요한 물건을 챙겨야 할 때가 있다. 이때, 반려견에게 먼저 앉으라고 지시하고, 그가 앉아 기다리도록 할 수 있다. (추후에 '앉은 채로 기다리기'를 배우게 될 것이다.)

AKC 오비디언스와 랠리 경기에서 반려견은 힐링 패턴의 일부로 자동적으로 앉아야 한다. 반려견들이 장애물 코스를 완주하는 빠르게 움직이는 스포츠인 어질리티에서, 많은 핸들러는 출발선에 반려견을 앉히는 것을 선택한다. 어질리티 경기에서는 심사위원이 가끔 핸들러에게 반려견을 앉히라고 지시하는 "포즈 테이블*"이라는 장애물도 있다.

또한 앉기 명령의 두 번째 용도는 행동 관리 기술로 활용된다. 앞서 언급한 대로, 만약 반려견이 새로운 사람들 주변에서 과도하게 흥분한다면, 당신은 사람들에게 인사하면서 반려견이 뛰어오르지 않고 앉도록 가르칠 수 있다. 이 전략은 DRI(differential reinforcement of incompatible behavior), 즉 "상반된 행동의 차별적 강화"라고 불리는 동작 기술을 사용한다. DRI는 원하지 않는 특정 행동을 대신할 수 있는 다른 행동을 강화하고 강조하는 행동 강화 기법 중 하나를 나타낸다. 이 기술은 원치 않는 행동을 제거하거나 줄이기 위해 대안적인 행동을 촉진하고 강화함으로써 사용된다.

* 포즈 테이블: 심사위원이 지정한 시간 동안 반려견이 앉거나, 점프 후 정지해야 하는 어질리티 장애물 중 하나

반려견이 신호에 앉도록 교육

CGC 테스트 항목 2번(낯선 사람과의 접촉에서 공손히 앉아 있기)에서는 신호에 앉기, 쓰다듬기 받기를 허용하기, 그리고 보호자가 아닌 사람이 쓰다듬는 동안 앉아 있기, 이 세 가지 행동을 함께 해야 한다. 앉기 신호를 가르치는 두 가지 방법이 있다.

첫 번째 방법은 반려견이 앉도록 하는 데 간식을 활용하는 것이다. 반려견을 원하는 위치로 유도하기 위해 간식을 사용하는데, 훈련사들은 종종 간식을 강화제나 유인제로 활용한다. 간식을 활용하여 반려견을 안내하는 것은 훈련사가 간식을 움직이면서 반려견이 간식을 따라가도록 하는 것을 의미한다. 이것은 반려견이 원하는 행동을 수행한 후에 간식을 얻는 것을 의미하는 보상제와는 다르다.

두 번째 방법은 반려견을 제자리에 앉게 하기 위해 반려견에게 물리적인 안내를 제공하는 것이다. 신체 지도는 훈련사가 실제로 반려견을 만지고 매우 부드럽게 올바른 위치로 이동시키는 것을 의미한다.

방법 1: 간식 활용

1. 교육 세션에 20분 정도의 시간을 할애하라. 반려견은 목줄에 매여 있을 것이다. 교육을 시작하기 전에 이전에 수행한 강화제 샘플링(노트 참조)을 기반으로 간식(또는 장난감) 강화제를 선택하라. 강화제가 간식이라면, 간식 가방을 가져오거나 주머니에 음식 몇 조각을 넣어놔라.

   일부 반려견은 간식보다 장난감에 더 큰 동기부여를 받는 경우가 있다. 만약 반려견이 이러한 경우라면, 다음 연습에서 반려견을 원하는 위치로 안내하기 위해 장난감을 활용할 수 있다. 반려견에게 간식을 제공하는 대신, 몇 초 동안 반려견이 가지고 놀 수 있는 장난감이나 공을 제공한다.

   훈련 세션을 시작할 때 반려견에게 현재 훈련이 진행 중임을 즐겁게 알리는 것이 좋다. "훈련하자"와 같은 표현을 사용하여 반려견에게 무슨 일이 벌어지고 있는지 알려줄 수 있다. 반려견은 곧 훈련 시간을 인식하고 이를 이해하게 될 것이다. 훈련을 시작할 때 공, 장난감 또는 반려견이 즐길 수 있는 다른 물건을 가져오도록 하라. 훈련이 끝나면 반려견과 함께 재미있게 놀아주면서 보상하는 것을 잊지 마라.

2. 반려견 앞에 서라. 발을 반려견의 앞발로부터 약 30센티미터 멀어지고, 반려견을 서 있도록 한다. 반려견 앞에 다가가 서서 손에 간식 한 조각을 잡고 반려견에게 먹이를 보게 한다.

3. 잡고 있는 간식을 반려견의 눈 앞에서 살짝 멀어지게 한 후(15센티미터), 반려견의 머리 위(5~10센티미터)로 살짝 들어올려라.

강화제 샘플링

강화제 샘플링은 훈련자가 반려견 훈련에 가장 효과적일 것으로 예상되는 강화제(보상)를 결정하기 위해 반려견이 다양한 잠재적인 강화제와 접촉하도록 하는 프로세스다. 간단히 말해, 강화제 샘플링은 반려견이 가장 선호하는 것을 찾기 위해 다양한 간식, 장난감 및 다른 긍정적인 보상을 시도하는 과정을 포함한다.

4. 그다음 먹이를 쥔 채로 손을 반려견의 머리 뒤쪽으로 옮겨라. 손은 바닥과 평행하게 움직여야 한다. 이 동작은 반려견이 위를 보고 시각적으로 간식을 따라갈 수 있도록 하는 것이다. 위를 보고 머리를 뒤로 기울이면, 반려견은 당신이 만지지 않아도 앉은 자세로 뒤로 움직일 것이다.

   반려견의 머리 위에서 간식을 쥘 때, 반려견의 머리에서 약 5~10센티미터 떨어져 있어야 한다는 것을 기억하라. 간식을 너무 높이 들면, 실수로 반려견이 간식을 얻기 위해 점프하는 것을 가르칠 가능성이 있다. 반면에 간식을 너무 낮게 들면, 반려견은 앉지 않고 단순히 앞발을 뻗어서 간식을 가져가려고 할 것이다.

5. 차분하고 감정이 없는, 단호한 목소리로 "앉아"라고 명령하라. 반려견에게 신호를 보낼 때 말의 끝을 높이지 말라. 말 끝의 음을 높이는 것은 "앉아?"와 같이 질문으로 들릴 수 있으며, 이것은 반려견에게 당신이 지시자가 아니며 자신을 확신하지 못한다는 느낌을 줄 수 있다.

6. "앉아"라고 할 때의 타이밍은 매우 중요하다. 반려견이 무슨 일이 일어나고 있는지 알기 전이나, 당신이 제 위치에 도달하기 전에 "앉아"라고 말하면 반려견에게 당신과 당신의 명령을 무시하도록 가르치는 것과 다름없다. 따라서 반려견의 뒷다리가 휘어지기 시작하고, 반려견이 앉은 자세로 움직이고 있는 것을 확인한 후에 "앉아"라고 말하도록 하라.

7. 반려견이 앉은 자세가 되면 "잘했어"라고 말하면서 동시에 간식을 건네라. 다시 말해, 반려견이 앉자마자 칭찬하며 간식을 주는 것이 좋다.

8. 처음에 반려견은 잠깐(1~2초 동안) 앉아 있을 것이며, 그 후에 칭찬하고 보상을 한 후에 "오케이"(또는 반려견을 풀어주려는 단어)라고 말하고, 반려견이 일어서도록 한 걸음 물러설 수 있다.

9. 반려견이 명령에 따라 앉는 것에 더 능숙해지면 동작들이 더 빨라질 것이며, 이러한 단계 중 일부를 생략할 수 있다. 예를 들어, 간식을 들고 반려견 앞에 서서 "앉아"라고 말하면 반려견이 빠르게 앉을 수 있다. 이럴 때, 반려견에게 간식과 칭찬을 주어라. 이렇게 되면 4단계를 수행할 필요가 없을 것이다.

10. 마지막 단계로, "앉아"라고 말하면서 간식을 손에 가지고 허리 옆에 두면, 반려견은 간식으로 유도하지 않고도 앉을 것이다. 반려견에게 상을 주고 칭찬해 주어라.

강아지가 앉은 자세를 배우면서, 당신의 손 동작에 익숙해질 것이고, 당신은 그 간식을 단계적으로 없앨 수 있다.

- 목줄을 한 반려견을 곁에 두고 서 있어라. 그리고 반려견에게 앉기 신호를 주어 당신 곁에 앉게 하라. 반려견이 오비디언스 경기에 참가한다면 핸들러의 왼쪽에 앉고 힐*을 수행해야 한다. 그러나 CGC 테스트에서 반려견은 핸들러의 선택에 따라 왼쪽이나 오른쪽 어느 쪽에 앉아도 상관 없다. 공식적인 오비디언스 경기에서 반려견들이 왼쪽에 위치하도록 요구하는 것은 원래 사냥에서 유래된 수십 년의 전통이다. 대부분의 사냥꾼들은 오른손잡이이며, 오른손으로 소총을 들고 다니기 때문이다. 이런 이유로 사람들은 반려견을 왼쪽에 두고 훈련하였다. 경쟁 경기에서는 모든 참가자가 동일한 힐 패턴과 활동을 경험할 수 있도록 왼쪽을 사용한다. 따라서, 당신이 반려견과 다른 훈련 활동을 계획하고 있다면, 나중에 혼란을 피하기 위해 힐을 가르치고 반려견을 왼쪽에 앉히는 것을 고려해보는 것이 좋다.
- 반려견과 함께 걷고, 멈추고, 앉으라고 지시하라. 필요하면 간식을 사용하여 반려견을 안내해도 되지만, 가능한 빨리 간식 사용을 줄여나가라.
- 반려견이 목줄을 하고 있지 않아도 100% 안전한 집이나 다른 안전한 장소에서, 1미터 정도 떨어진 위치에서 반려견에게 앉기 명령을 내리는 연습을 시작하라.
- 반려견이 당신의 도움 없이 앉았다면, 당신이 앉기 명령을 내리는 시간을 점차 연장해 가라. 공식적인 오비디언스 대회에서 첫 번째 타이틀(Novice A)을 획득하기 위해서는 반려견은 핸들러가 링 반대편에 서 있는 동안 1분 동안 앉아있어야 한다.

* 힐(heel): 반려견이 보행 시 핸들러의 발뒤꿈치 혹은 다리 옆에 위치한 채로 따라다니는 훈련 용어

방법 2: 물리적 유도

물리적 유도(physical prompt)란 훈련사가 손을 사용하여 반려견을 원하는 위치로 안내하는 기술을 말한다. 예를 들어, 반려견이 침대 가장자리에 앞발을 올리고 서도록 가르칠 때, 훈련사는 손으로 반려견의 앞발을 올리고 "앞발 위로 올려"라고 말하며 반려견을 원하는 자세로 이끈다. 이러한 방식은 스포츠 기술을 가르치는 것과 비슷하다. 훈련사들은 종종 물리적 유도를 사용하여 사람들에게 테니스 라켓을 제대로 잡는 방법이나 골프 스윙에서 어깨의 위치와 같은 기술을 가르친다.

그러나 1980년대 후반 이후, 반려견 훈련은 긍정적이고 동기부여적인 훈련에 중점을 둔 극적인 변화를 겪었다. 많은 오비디언스 훈련사와 반려견 훈련사는 새로운 기술을 가르치는 동안 물리적 유도를 사용하는 대신, 간식이나 장난감과 같은 긍정적인 보상을 활용하여 반려견을 원하는 행동으로 유도하는 것을 선호한다. 이들은 이러한 방식이 반려견에게 더 긍정적이며 자발적인 학습을 촉진한다고 믿는다.

새로운 기술을 배우는 반려견을 훈련하는 데에는 물리적 유도를 선호하는 몇몇 훈련사들이 있다. 이러한 훈련사들은 오랜 시간 동안 사용해 온 기술을 편안하게 느끼며 자신의 경험을 바탕으로 선택한다. 그러나 이러한 훈련사들도 때로는 새로운 방법을 채택하고, 주어진 반려견의 특성에 따라 가장 효과적인 방법을 선택할 수 있다.

물리적 유도를 사용하기로 결정한 경우, 몇 가지 중요한 점을 염두에 두어야 한다. 먼저, 당신은 반려견을 잘 이해하고 있어야 하며 그것을 무리하게 처리하지 않아야 한다. 힘을 과도하게 사용하지 않고 반려견이 불편해하지 않도록 주의해야 한다. 또한, 반려견이 만져지고 신체적으로 움직이는 것을 걱정하지 않고 편안하게 받아들일 수 있어야 한다.

반려견을 제 위치로 안내하는 기술은 특히 간식이나 장난감에 반응하지 않는 반려견들에게 유용한 기술이 될 수 있다. 일부 보호소에서 입양된 반려견들은 훈련 기간 동안 누군가로부터 간식을 가져가는 것에 익숙하지 않을 수 있다. 이러한 반려견들은 학대나 방치로 인해 불안정한 상태에 처한 경우가 많으며, 사회화가 제대로 이루어지지 않은 경우도 있을 수 있다. 훈련 기간 동안 간식을 받아들이지 않거나 관심을 표시하지 않는 이러한 반려견들은 종종 무표정하거나 냉담한 행동을 보이며 "나는 당신의 어리석은 대접에 관심 없어"라고 말을 하는 것처럼 보일 것이다.

일부 견종에는 훈련용 간식이나 장난감에 큰 반응을 보이지 않는 반려견들이 있을 수 있다. 차우차우와 샤페이는 이러한 견종의 예시로 들 수 있다. 이러한 견종들은 종종 다른 강아지들처럼 훈련 중에 간식을 받아들이지 않을 수 있다. 또한, 은퇴한 경주용 그레이하운드와 같이 경험이 부족한 반려견들은 때때로 먹이를 거부할 수 있다. 물리적 유도를 사용하기로 결정한 경우, 당신은 해당 반려견을 잘 이해하고 그가 물리적 접촉을 수용할 준비가 되어 있는지 확인해야 한다.

물리적 유도를 사용하여 반려견에게 앉도록 가르치려면 다음 단계를 수행하라.

1. 방법 1(간식 활용)의 첫 번째 단계에 나와 있는 제안을 따라라. 훈련을 위해 약 20분 정도의 시간을 확보하고, 반려견에게 목줄을 채워라. 비록 이 방법은 종종 간식을 받아들이지 않는 반려견들에게 사

용되지만 이 방법에서 간식을 사용할 수 있다.

2. 이 방법을 사용할 때, 반려견의 앞쪽에 서 있지 말라. 당신은 반려견 곁 한쪽에 서 있어야 한다. 어느 쪽에 서야 할지 선택하라. 만약 당신이 CGC 이상의 공식적인 훈련(오비디언스, 어질리티 등)을 진행하고자 한다면, 반려견을 왼쪽에 두는 것을 잊지 말라.

   만약 당신이 오른손잡이라면, 반려견을 왼쪽에 두고 물리적 유도를 사용하는 것이 더 편할 것이다. 왼손잡이이며 반려견을 오른쪽에 두고 물리적 유도를 사용하는 것이 어색하다면, 반려견을 오른쪽에 두고 기술을 가르친 후, 기술을 습득한 후에 왼쪽으로 옮기는 것이 좋다.

CGC 테스트를 통과한 반려견들에게 추가 훈련과 고급 타이틀을 얻을 수 있는 좋은 기반을 갖고 있다.

3. 반려견을 왼쪽에 두고 목줄을 매라. 왼손에 목줄을 잡아라. (오른쪽에 있는 반려견과 함께 훈련할 경우 이 방향을 반대로 한다.)

4. 여러 가지 일을 한꺼번에 하는 하나의 조직화되고 우아한 동작으로, 반려견 옆에서 몸을 굽히거나 쪼그려 앉을 때 오른손으로 목줄을 부드럽게 천장 쪽으로 똑바로 끌어 올리고, 왼팔 또는 왼손을 뒷다리 뒤로 올린 뒤, 물을 마시는 자세로 반려견이 앉을 수 있도록 도와준다. 반려견의 엉덩이가 앉는 자세로 내려가는 동안 "앉아"라고 말한다.

5. 목줄을 사용하지 않아도 매우 침착한 일부 반려견의 경우, 오른손을 반려견의 가슴에 대고 그의 뒷다리를 앉히듯 지도하며 "앉아"라고 말하는 것이 더 효과적일 수 있다.

6. 초보 훈련사가 반려견에게 앉는 것을 가르치려고 할 때 이러한 행동이 자연스럽게 나오는 것을 볼 수 있다. 훈련사는 반려견의 뒷다리가 내려가기를 원해서 엉덩이 부분을 가볍게 쓰다듬을 수는 있지만, 엉덩이를 잘못 누르면 반려견의 엉덩이와 다리에 해를 끼칠 수 있으므로 이것은 결코 하면 안 되는 행동이다. 이 행동은 강아지들에게 특히 위험하다.

7. 반려견이 앉은 자세가 되는 순간, 열정적으로 "잘했어!"라고 말하라. 반려견이 새로운 기술을 배울 때 칭찬하는 습관을 들여라. 사회적 칭찬에 크게 반응하지 않는 반려견의 경우, 열정적인 목소리를 누그러뜨려도 되지만, 그가 기술을 올바르게 수행했다는 것을 나타내기 위해 계속해서 칭찬해도 좋다.

8. 4단계에서 설명한 물리적 유도를 사용하여 반려견이 빨리 앉는다면 이 모든 행위를 당신의 도움 없이 수행하라. 목줄을 가볍게 잡아당기고 반려견의 다리 뒤를 가볍게 건드린 후, 반려견이 앉았을 때 칭찬하라. 반려견이 더 이상 접촉 없이 앉을 수 있을 때까지, 그리고 단순히 "앉아"라고 말해도 될 때까지 단계적으로 물리적 유도를 제거하라.
9. 이제 반려견이 제때에 앉을 것이므로, 돌아다니기와 앉기 명령 사이에 시간을 추가하라. 반려견에게 앉으라고 지시한 후, 옆으로 비켜서서 반려견이 앉은 자세에서 벗어나게 하고 목줄을 잡고 함께 걷도록 하라. 반려견이 쓰다듬기를 좋아한다면, 반려견을 쓰다듬어 주며 "잘했어, 가자"를 말하면서 당신이 짧은 휴식을 취하고 있다는 것을 알려준다. 교육 세션은 약 20분이어야 하지만, 이것은 한 번 앉는 것을 20분 동안 하는 것이 아니라는 것을 기억하라. 당신은 5번의 앉기 시도를 한 다음 반려견에게 목줄을 채우고 좁은 지역을 돌아다니며 "좋아, 훈련하자"라고 말할 수 있다. 20분간의 세션 동안 이 순서를 몇 번 반복하라.
10. "앉아"라는 말로 신호를 보낼 때 반려견이 왼쪽에 앉을 수 있게 됐다면, 반려견 앞에 1미터 정도 떨어진 거리에 서서 반려견과 함께 기술을 연습하라.

쓰다듬기를 수용하도록 하라

반려견은 이미 앉는 법을 배웠다. 또한 낯선 사람들을 만나는 연습을 하였으며, 매일의 놀이 시간에 당신은 반려견과 많은 시간을 보내왔다. 만약 소형견이나 강아지를 키우고 있다면, 반려견과 함께 바닥에 앉아 간지럽히고, 껴안고, 장난감을 가지고 노는 것은 오로지 즐거운 시간을 보내는 것뿐만 아니라, 더 큰 의미가 있다. 이것들은 유대감을 형성하고, 반려견이 다루어지는 것에 익숙해지도록 도와준다.

반려견이 쓰다듬는 것을 허용하고 앉기 신호를 잘 따르도록 훈련했다면, 이제 이 두 기술을 결합할 때다. 친구의 도움을 받아 진행할 수 있다. 먼저 반려견을 목줄로 매고 당신 옆에 앉게 한다. 처음에는 친구가 반려견에게 다가가서 인사하고, 반려견을 부드럽게 쓰다듬은 다음 뒤로 물러날 수 있다. 시간이 흐를수록, 반려견이 당신 옆에 앉아서 1분 동안의 쓰다듬음을 견디도록 하라. 이렇게 하면 반려견이 다른 사람들과의 상호작용을 즐기고 편안해지도록 도움을 줄 수 있다.

이렇게 쓰다듬어라-사람들을 위한 가르침

책임감 있는 반려견 보호자로서, 반려견을 안전하게 돌보고 반려견이 밖에 나갈 때 편안하고 불안하지 않게 하는 것이 중요하다. 그러나 때로는 사람들이 반려견에게 어떻게 다가가야 하는지 모를 수 있다. 사실, 반려견을 진심으로 사랑하는 사람들조차도 반려견에게 접근하는 방법을 잘 모를 때가 있다. 공원에서 반려견과 시간을 보내다가 주변에 흥분한 어린이들이 다가오는 상황을 경험한 적이 있을 것이다. "우와, 저 강아지 좀 봐!"라고 한 명이 소리를 치면 나머지 아이들이 꽥꽥 소리를 지르고 더 큰 탄성을 지르는 결과를 낳는다. "안녕! 이 예쁜 강아지 좀 봐!" 하며 당신과 반려견을 향해 달려올 것이다.

책임감 있는 반려견 보호자으로서, 지금은 당신이 "뛰어오면 강아지가 무서워 해. 하지만 강아지를 쓰다듬고 싶다면 조용히 걸어와도 돼"라고 말할 수 있는 완벽한 타이밍이다. 때때로, 어딘가에서, 어떻게든, 사람들은(아이들과 어른들 모두) 반려견들이 낯선 사람들이 그들의 머리를 세게, 빠르고 반복적으로 쓰다듬는 것을 좋아할 것이란 이상한 생각을 갖게 되었다. 어떤 반려견들은 이러한 행위를 참을 수 있지만, 다른 반려견들은 그것을 조금도 좋아하지 않는다. 이를 비난할 수 있는가? 반려견은 자신의 머리와 눈 위로 쓰다듬는 것을 두려워할지도 모른다.

사람들이 반려견을 쓰다듬기 전에 그들을 교육하는 데에 어려움을 느끼지 않아야 한다. "턱 밑을 쓰다듬어 주세요." 또는 "이 반려견은 가슴을 긁어주는 것을 좋아할 거예요."와 같이 반려견이 어떻게 쓰다듬어 주는 것을 좋아하는지 그 사람에게 말하라. 일부 견종은 격렬한 쓰다듬기에 민감할 수 있으며, 큰 종 중에서는 머리 쓰다듬기에 잘 반응하지 않는 반려견도 있다. 또한, 많은 견종들 혹은 개별적인 반려견들은 종종 다가오는 손을 볼 수 없기 때문에 머리 위로 손을 가져가는 것을 좋아하지 않을 수 있다. 따라서 반려견이 매우 사교적이거나 상호작용을 시작하지 않는 한, 쓰다듬기 전에 반려견이 당신에게 적응할 수 있도록 하는 것이 좋다.

그레이하운드에 대한 한 마디: 훈련은 앉기를 이끈다

미국켄넬클럽에서는 항상 "저에게는 은퇴한 경주용 그레이하운드가 있습니다. 모든 사람들이 그레이하운드가 앉을 수 없다는 것을 알고 있기 때문에 CGC 테스트에서 예외가 필요합니다."라는 말을 지속적으로 듣는다. 그러나, 적절한 훈련을 받으면 그레이하운드를 비롯한 모든 반려견들이 앉는 법을 배울 수 있다. 앉아 있는 자세는 이러한 보편적인 사냥 반려견들에게 선호되는 자세가 아닐 수도 있지만, 그들은 확실히 CGC 테스트에서 요구되는 몇 분 동안 앉아 있는 법을 배울 수 있다.

그레이하운드는 방법 2(물리적 유도)를 사용하여 앉는 법을 배울 수 있다. 이 방법은 오른손을 반려견의 가슴에 대고 왼손을 반려견을 제자리에 고정시키기 위해 뒷다리로 미끄러져 내려가면서 그레이하운드를 앉은 자세로 만드는 것이다. 비슷하게, 그레이하운드와 같은 큰 반려견들과 함께 작업하는 많은 훈련사들은 반려견을 앉은 자세로 안내하기 위해 간식을 사용한다(방법 1). 그러나, 많은 그레이하운드 훈련사들은 반려견이 서 있는 것으로 시작하는 대신, 간식을 사용하여 반려견을 아래로 내려앉게 하는 것을 제안한다('CGC 테스트 항목 6: 앉기, 엎드리기, 제자리에서 기다리기' 참조). 반려견이 아래로 내려앉으면, 그를 앉은 자세로 유인하기 위해 간식을 사용할 수 있다.

CGC 평가자를 대상으로 한 조사에서, 설문에 응답한 대부분의 사람들은 그레이하운드에게 매트나 러그 위에 앉도록 가르치면 매트의 색이 바랠 정도로 앉기를 잘한다고 말했다.

위 사진의 구조된 은퇴한 경주용 그레이하운드들은 모두 신다 크로포드(Cynda Crwaford) 박사, DVM에 의해 앉는 법을 배웠다. 크로포드 박사는 반려견들이 입양된 후 치유견으로 일하고 오비디언스에서 경쟁할 수 있도록 훈련시켰다.

반려견이 보호자 곁에 앉아 있을 때 인사하고 쓰다듬는 것이 훨씬 쉽고 즐겁다.

강아지 앉기 교육

쓰다듬기를 받기 위해 공손하게 앉아 있는 것을 가르칠 때가 되면, 활동적인 강아지들은 꿈틀거리는 행동으로 훈련사들을 곤란하게 한다. 강아지들이 사람들을 만날 때 흥분해서 행동하는 경향은 발달과 관련된 것이므로 문제로 여겨서는 안 된다.

강아지가 쓰다듬기를 받기 위해 공손하게 앉도록 가르칠 때, 작고 다루기 쉬운 목표를 설정하고, 매우 천천히 재미있고 강화되는 훈련과 활동을 계획하라. 강아지를 유치원에 보내기도 전에 대학에 보내려고 하지 마라.

그 후에는?

명령대로 앉아 있고, 쓰다듬기를 받아들이고, 쓰다듬기를 받기 위해 공손하게 앉아 있는 것을 결합한 후, 다음과 같은 운동에 다양성을 추가함으로써 강아지의 사교 기술을 확장하라.

- 반려견은 공식적인 오비디언스 경기와 도그쇼를 위해 평가자로부터 시험을 보게 된다. 초급 오비디언스의 반려견이 수행해야 할 첫 번째 활동은 평가자가 반려견에게 다가가서 그의 머리, 어깨, 그리고 등(꼬리 근처)을 만지는 것이다. 이 활동을 도우미와 함께 해보고 반려견이 어떻게 반응하는지 관찰하라.
- 이 기술의 궁극적인 버전은 당신의 집에 들어오는 사람이나 지역사회에서의 사람들을 만나기 위해 반려견을 앉히는 것이다. 어떤 반려견들에게는, 이것은 몇 달의 연습이 필요할 수 있다.
- 반려견에게 수의사 사무실, 반려동물 용품점, 그리고 지역사회의 다른 반려견 친화적인 장소에서 쓰다듬기를 받도록 앉을 기회를 주어라.

CGC 테스트 항목 3

외모와 그루밍*

이 실용적인 테스트는 반려견이 그루밍 및 검사를 받는 것을 환영하고, 수의사, 반려견 미용사 또는 보호자의 친구와 같은 낯선 사람이 그 작업을 수행하는 것을 허용할 것임을 보여준다. 이 테스트는 또한 보호자의 주의, 관심 및 책임감을 보여준다.

평가자는 반려견을 검사하여 반려견이 깨끗하고 그루밍이 잘 되어 있는지 여부를 확인한다. 반려견은 건강한 상태(즉, 적절한 체중, 청결, 신체 및 정신적 건강)여야 한다. 핸들러는 집에서 반려견에게 자주 사용하는 빗이나 솔을 제공해야 한다. 평가자는 부드럽게 반려견을 빗질하고, 자연스러운 방식으로 반려견의 귀를 가볍게 검사하고 각 앞발을 부드럽게 집어 올린다.

- 검사 중에 반려견이 특정 자세를 취할 필요는 없다. 또한, 핸들러는 반려견에게 말하고 칭찬하고 격려할 수 있다.
- 평가자는 핸들러에게 안전을 보장하는 방식으로 반려견을 다루기 위한 구체적인 지침을 제공할 수 있다. 예를 들어, 발을 검사해야 할 때, 평가자는 핸들러가 각 다리를 들어 올리도록 요청할 수 있다. 평가자가 귀를 확인하는 동안 핸들러에게 반려견의 머리를 고정하도록 요청할 수 있다.
- 평가자가 사용할 수 있는 또 다른 기술은 한 손으로 반려견의 머리를 멀리 떨어트리고 다른 손으로 발을 들어 올리는 것이다.
- 평가자는 핸들러에게 반려견의 머리를 고정시키고 다리를 들어올리는 등의 요청을 할 수 있지만, 검사를 위해 누군가가 제지해야만 하는 반려견은 시험을 통과해서는 안 된다. 이 테스트의 핵심 질문은 "수의사나 미용사가 반려견을 쉽게 검사할 수 있을까?"이다.
- 어떤 반려견들은 흥분했을 때 꿈틀거리거나 낑낑거린다. 약간의 꾸물거림은 허용되지만, 반려견을 빗질할 수 없을 정도로 과도해서는 안 된다.
- 반려견은 빗질을 받지 않기 위해 발버둥쳐서는 안 된다.

* 그루밍: 반려동물의 털, 피부 등 반려동물을 건강하고 깔끔하게 손질하고 관리하는 것

털이 잘 손질된 반려견은 분명 관심을 끌 것이다. 'CGC 테스트 항목 3: 외모와 그루밍'은 반려견이 보호자가 아닌 다른 사람의 검사를 받아들이는 것을 보여준다.

잘 관리된 깨끗하고, 건강하고, 멋지게 단장한 반려견처럼 고개를 돌리게 만드는 것은 없다. 이러한 반려견은 나이와 견종에 따라 적정 체중을 유지하고 있으며 규칙적인 운동으로 근육 상태가 좋다. 이러한 반려견은 빛나는 털과 반짝이는 눈을 가진 행복해 보이는 반려견이다.

CGC 테스트 항목 3번인 '외모와 그루밍'에서 평가자는 반려견을 빗질하고 발과 귀를 만진다. 실제 환경에서는 이러한 CGC 기술을 당신이나 전문 반려견 미용사가 수행하는 그루밍 작업의 모든 범위로 확장하고 싶을 것이다. 이 장에서는 그 방법을 설명한다.

행복하고 건강해 보이는 외모

먼저 외모에 대해 이야기해 보자. CGC에서 "외모"라고 할 때, 예쁘거나 잘생기거나 매력적인 점을 가지고 있는지를 말하는 것이 아니다. 반려견이 건강할 때 나타나는 전반적인 좋은 외모에 대해서 말하는 것이다.

CGC 테스트에서 다루어지는 좋은 외모는 반려견이 심각하게 저체중이거나 과체중이 아니라는 것을 의미한다. 저체중인 반려견들은 더 많은 음식이나 다른 식단이 필요할 수도 있고, 어떤 형태의 기생충이 있을 수도 있고, 의학적인 치료가 필요한 건강 문제가 있을 수도 있다. 만약 반려견이 상당히 저체중이라면, 책임감 있는 보호자로서 당신은 수의사에게 상담을 받아 문제를 해결해야 한다. 과체중 또한 반려견이 건강해지는 것을 막을 수 있다. 과체중인 반려견은 음식을 너무 많이 먹거나, 잘못된 종류의 음식을 먹거나, 운동을 너무 적게 하거나, 치료가 필요한 의학적인 문제가 있을 수 있다. 만약 당신이 음식에 관한 한 거절할 수 없을 정도로 반려견을 사랑한다면, 당신은 의도치 않게 반려견의 건강을 해치는 것일 수 있다.

더 나아가, 일반적인 외모와 관련된 것은 반려견의 피부와 털이다. 피부와 털은 반려견의 건강을 시각적으로 나타내는 좋은 지표이다. 피부가 건조하거나 벗겨지지 않아야 하며 지나치게 기름져서는 안 된다. 피부는 상처, 발진, 염증이 없어야 한다. 건강한 반려견의 털을 검사하면 벼룩이나 진드기와 같은 기생충이 없다는 것을 확인할 수 있다. 건강한 반려견의 털은 칙칙하거나 건조하지 않다. 건강한 털는 광택이 있고 기름기가 너무 많지 않다. 게다가 반려견의 눈은 맑고, 눈이나 코에서 분비물이 나오지 않는다.

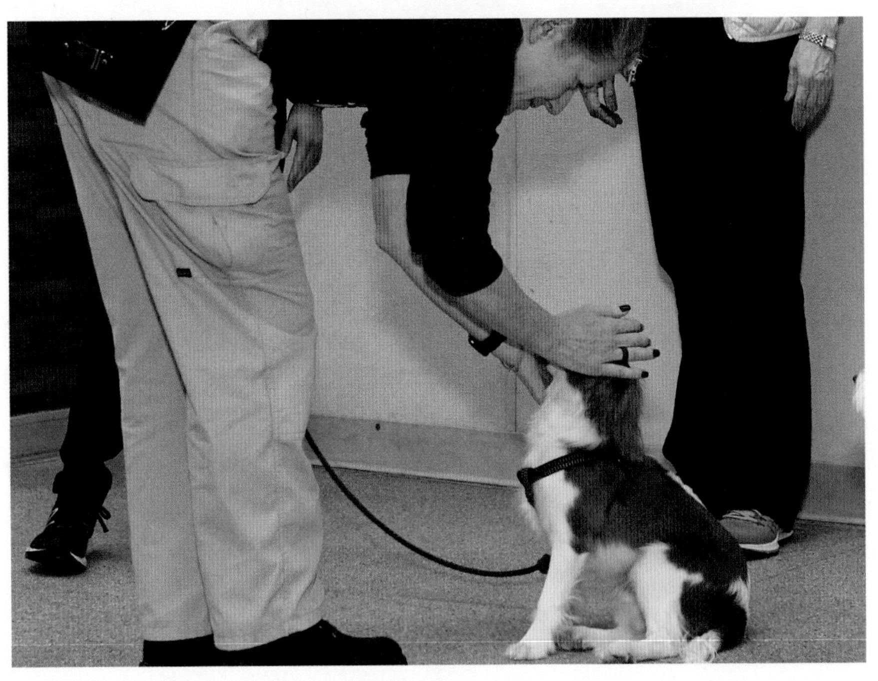

평가자는 검사 중에 반려견과 대화하고 격려할 수 있다.

좋은 그루밍 관행

그루밍은 건강한 외모를 유지하는 열쇠이다. 반려견을 그루밍하는 법을 배우는 것은 반려견과 보호자 모두가 즐길 수 있는 보람 있는 활동이 될 수 있다. 만약 현재 반려견이 당신의 첫 번째 반려견이라면, 기본적인 것들을 배우는 데 도움이 필요할지도 모른다.

반려견을 최고의 모습으로 유지하는 방법을 배울 수 있는 좋은 장소는 근처 AKC 제휴 반려견 클럽이다. AKC는 미국 전역에 약 5,000개의 클럽이 있고 이에 비례한 많은 경험을 가지고 있다. 이 클럽들에서 당신은 지식과 팁을 공유하기를 열망하는 새로운 친구들을 만날 수 있다.

만약 당신이 푸들과 같이 전문적인 그루밍을 많이 필요로 하는 견종이 있다면, 당신은 전문 클럽에 가입할 수 있다. 전문 클럽은 한 견종만을 위한 것이므로, 이 유형의 클럽에서는 반려견과 같은 견종을 소유한 전체 그룹을 찾을 수 있다.

만약 당신의 생활에서 클럽 가입, 회의 참석 및 활동 참여에 충분한 시간이 없다면, 다른 선택으로 간단히 해당 클럽에 연락하여 당신과 반려견에게 그루밍하는 방법을 가르쳐 줄 수 있는 클럽 회원의 연락 정보를 얻는 것이 좋다. 대부분의 반려견 애호가들은 다른 사람이 자신의 반려견을 더 잘 돌보는 방법을 배울 수 있는 기회에 열린 마음을 갖고 있다. 가까운 AKC 클럽을 찾으려면 www.akc.org 웹사이트를 방문하고 검색 상자에 "클럽(club)"을 입력하라.

잘 관리된 반려견은 전반적으로 건강해 보인다.

외모와 그루밍을 위한 준비 활동

강아지나 새로운 반려견에게 쓰다듬기를 받아들이는 것을 가르치기 위해 이전에 추천했던 활동과 게임을 기억하는가? 놀이 시간 동안 반려견을 매일 다루고, 쓰다듬고, 마사지하는 것은 반려견이 털 그루밍을 받아들일 수 있도록 가르치기 위한 기초가 된다.

반려견 빗질

가장 쉬운 그루밍 작업 중 하나는 반려견을 빗질하는 것이다. 빗질은 털의 기름 배출 및 분비를 자극하여 광택을 준다. 또한 빗질은 반려견의 털에서 먼지를 제거하기 때문에 중요하다.

만약 강아지나 새로 입양한 반려견이 빗을 무서워한다면, 먼저 빗을 보여주고 반려견이 편안한 상태인지 확인하라. 빗을 바닥에 놓고 반려견이 냄새를 맡도록 하라. 그런 다음 부드럽게 빗질을 시작하라. 많은 반려견들은 즉시 빗질을 즐기며 바닥에 누워 "배도 빗어 주세요!"라고 말하는 것처럼 행동할 것이다.

만약 빗을 무서워하는 반려견이라면, 짧은 시간으로 끊어서 진행하라. 처음에는 빗을 사용해 반려견을 만지고, 그런 다음 몇 번의 빗질을 추가하며 시간이 흐를수록 빗질 영역을 확장해 나가라.

반려견의 털 종류에 따라, 특별한 종류의 브러시가 필요할 수도 있다. 납작한 털을 가진 반려견에게는 장갑처럼 쓰고 빗질할 수 있는 장갑 브러시가 있다. 다음 섹션에서는 슬리커 브러시, 레이크 브러시, 그리고 스트리핑나이프와 같은 특수한 그루밍 도구에 대해 설명한다.

장비에 대한 둔감화를 실시하라

대부분의 반려견들은 빗질과 털 그루밍을 할 때 오는 촉각적인 자극을 좋아한다. 이 반려견들과 함께, 당신은 빗질, 목욕, 그리고 다른 미용 루틴들을 반려견에게 바로 시도해볼 수 있다. 그러나 일부 반려견들, 특히 털 그루밍에 노출되지 않은 강아지는 털 그루밍을 받는 것에 문제가 있고 장비를 두려워한다. 둔감화는 장비에 대한 두려움과 특정 부위의 접촉 거부와 같은 그루밍 관련 문제를 해결하는 데 가장 좋은 방법이다.

당신이 주기적으로 반려견을 빗질하면, 반려견은 다른 사람들이 빗질을 해도 받아들일 것이다.

반려견을 그루밍 도구에 무감각하게 하는 시간을 가지면 빗질과 다른 장비에 대한 두려움을 줄일 수 있다.

"한 번에 한 걸음씩 점진적으로 나아가라"라는 말이 있다. 이 말은 둔감화 과정에 적합한 말로, 무엇인가 새로운 것을 반려견에게 천천히 소개하는 절차로, 먼저 최종 목표보다 덜 문제가 되는 자극을 제시함으로써 시작된다. 예를 들어, 반려견이 빗질하는 것을 매우 두려워한다고 가정해 보자. 당신은 빗을 꺼내서 즉시 얼굴을 빗질하려고 하지만, 반려견이 빙글빙글 돌거나, 뒤로 물러서려고 한다면 빗질을 할 수 없을 것이다. 민감성을 낮추려면 다음과 같이 수행하라.

1. 사용할 브러시를 선택하라. 반려견 옆 바닥에 빗을 놓고, 그 후 빗을 들어 반려견에게 냄새를 맡게 한다.
2. 반려견이 빗질에 익숙해지면 반려견에게 빗을 보여주고 뒷다리에 가볍게 터치한 후 천천히 빗질을 시작한다. 얼굴이나 발과 같이 다른 민감한 부위부터 시작하지 마라.
3. 반려견의 등 끝 부분(다리의 윗부분과 꼬리 근처의 등을 포함)을 빗질할 수 있을 때, 목에서 시작하여 꼬리까지 빗을 수 있도록 반려견의 등을 부분적으로 빗질해 보아라.
4. 반려견의 등을 빗질할 수 있게 되었다면 빗질 부위를 가슴으로 이동한다.
5. 다음으로 머리, 얼굴, 그리고 제일 마지막으로 발을 빗질한다. 이 민감한 신체 부위를 빗을 때는 부드럽게 빗어라.

발 핸들링*

반려견과 함께 일상적인 유대감 형성 시간에는 반려견의 발을 핸들링해야 한다. 이것은 게임, 포옹, 쓰다듬기와 같은 활동 중에 발과 발가락을 만지는 것을 의미한다. 이러한 핸들링은 반려견이 강아지 때부터 시작해 일상적인 그루밍과 보살핌을 받을 준비를 하도록 도와준다.

만약 당신이 아직 발 핸들링을 시작하지 않았다면, 각각의 발을 만지는 것으로 시작하라. 그 후에는 각 발을 몇 초 동안 다루고, 발가락 사이를 보고, 각각의 발톱을 만져보아라. 발을 핸들링하는 것은 발톱을 깎고 발에 난 털을 다듬는 데 좋은 준비가 될 뿐만 아니라, 반려견이 가시에 찔렸거나 발바닥 사이에 상처가 생기지 않았는지 확인할 수 있는 기회를 제공한다.

DID YOU KNOW?

반려견이 강아지일 때부터 발을 다룰 수 있다는 것은 반려견이 필요한 발 관리와 발톱 관리를 할 수 있도록 준비시켜 줄 것이다. 발에 난 털을 다듬고 발톱을 적당한 길이로 유지하는 것은 반려견의 발을 건강하게 유지하는 데 도움이 될 것이다.

발이 예민한 반려견이라면 발을 둔감화시킬 수 있다.

1. 반려견의 발이 민감하다면, 어깨 근처의 위쪽 다리를 핸들링하는 것부터 시작하라. 그 부위를 쓰다듬거나, 빗질하거나, 마사지한다.
2. 천천히(몇 시간이 걸릴 수도 있다) 손을 반려견의 다리 아래로 이동시킨다. 반려견의 어깨와 발 중간쯤에서 다리를 만지거나 빗질할 수 있을 때, 계속해서 발 주변을 쓰다듬거나, 마사지하거나, 빗질을 하라.
3. 발을 만지는 것에 큰 문제가 있는 반려견들의 경우, 간식을 사용하여 둔감화 훈련 세션을 더 유익하게 만들 수 있다.
4. 마지막으로, 반려견을 안전한 위치에 있게 하는 것은 발톱 깎이나 그라인더**로 인한 사고를 예방할 수 있고 반려견을 진정시키는 데 도움이 될 수 있다.

목욕

그루밍은 깨끗한 털 관리로부터 시작되며, 이것은 적절한 장비를 사용하여 반려견을 목욕시켜야 한다는 것을 의미한다. 이에는 미끄럼 방지 패드, 따뜻한 물, (반려견이 앉기 명령을 제대로 수행할 수 있기 전까지) 목줄, 올바른 행동을 형성하기 위한 간식, 그리고 반려견의 피부와 털을 해치지 않는 샴푸가 포함된다.

다양한 종류의 반려견 샴푸를 조사하는 시간을 가져보아라. 이러한 종류에는 하얀 반려견의 눈물 자국을 깨끗하게 제거하는 특수 샴푸, 저자극 샴푸, 밝은 털을 더 밝게 만들거나 어두운 털을 더 어둡게 만드는 샴푸, 곱슬거리는 털을 위한 샴푸, 빳빳한 털을 위한 샴푸, 다양한 피부 문제를 해결하기 위한 샴푸, 벼룩과 진드기를 방지하는 샴푸, 반려견을 향기롭게 하는 샴푸 등이 있다.

---

* 핸들링: 반려견을 안전하게 다루거나 관리하고, 훈련하는 행위

** 그라인더: 반려견의 발톱을 연마하여 짧게 유지시키는 기구

반려견이 어떤 종류의 털을 가지고 있는지에 따라 좋은 컨디셔너가 필요할 수 있다. 이는 털 엉킴과 곱슬거림을 줄여줌으로써 반려견이 항상 최상의 털 상태를 유지할 수 있다. 목욕 후에는 수건과 헤어 드라이어(반려견용 드라이어가 있지만, 사람용 드라이어도 괜찮다)를 사용하여 털을 건조시킬 것이다. 또한, 반려견을 목욕시킬 때 방수복을 입는 것을 잊지 마라!

목욕할 시간이 됐다면 무엇을 해야 할까?

- 반려견을 목욕시킬 장소를 결정하라. 만약 소형견을 키운다면 싱크대, 또는 작은 욕조에서 반려견을 목욕시킬 수 있으며, 이렇게 함으로써 당신의 허리를 보호할 수 있다. 중형 및 대형견의 경우 욕조에서 목욕을 하거나 날씨가 적당할 경우 정원 호스로 야외에서 목욕시킬 수 있다.
- 만약 긴 털을 가진 반려견이라면, 목욕하기 전에 반려견의 털에 엉킴이 없는지 확인하라. 목욕 시작 전, 항상 빗질을 철저하게 하라.
- 반려견에게 물을 적시고 샴푸를 할 때, 어떤 사람들은 당신에게 머리에서부터 엉덩이 쪽으로 씻기라고 말할 것이다. 다른 사람들은 엉덩이에서부터 시작해서 머리 쪽으로 씻기라고 할 것이다. 어느 쪽을 선택하더라도 반려견은 깨끗해질 것이다. 만약 반려견이 가끔 벼룩에 노출될 수 있는 지역에 산다면, 머리부터 시작하는 것이 좋다. 벼룩들은 반려견의 귀에 숨으려고 할 것이기 때문에, 반려견의 엉덩이 쪽부터 시작하는 것은 적절치 않다. 만약 머리와 얼굴이 젖는 것을 싫어하는 소심한 반려견이라면, 뒤에서 시작해서 앞으로 나아가라. 이렇게 하면 최악의 상황을 피하고, 얼굴과 머리를 빠르게 씻고 나면 목욕 시간이 끝날 것이다.
- 따뜻한 물을 사용하여 반려견을 완전히 적셔라. 반려견이 젖었을 때, 샴푸를 묻히고 거품으로 마사지하라. 반려견의 모든 부위를 살펴보고, 샴푸가 털 속 깊숙이 들어가도록 하라. 반려견의 눈이나 귀에 샴푸를 묻히지 마라. 만약 필요하다면, 당신은 물이 들어오지 못하게 하기 위해 각 귀에 솜뭉치를 넣을 수 있다.
- 반려견이 깨끗해지면, 거품이 없어질 때까지 헹궈라. 컨디셔너를 사용한다면, 반려견을 말리기 전에 컨디셔너 병 겉에 있는 지침을 따라 발라라.

- 반려견은 목욕 후에 물을 털어내려고 할 것이다. 이것은 반려견을 말리는 것의 시작이다. 수건을 사용하여 털에 남아있는 많은 물을 최대한 빼내라.
- 털이 두꺼운 또는 긴 반려견의 경우, 휴대용 헤어 드라이어를 사용하여 털을 말릴 수 있다. 겁이 많은 반려견이라면 헤어 드라이어의 소음에 익숙해지도록 둔감화를 시킬 수 있다. 헤어 드라이어를 사용할 때, 털이 손상되거나 더 나빠지거나 실수로 화상을 입지 않도록 온도에 주의를 기울여라. 반려견을 위해 설계된 일부 상업용 건조기는 많은 열을 발생시키므로 항상 면밀히 감독하고 반려견을 드라이룸에 넣은 채로 자리를 비우지 마라. 이러한 실수는 특히 불독, 퍼그, 페키니즈와 같은 견종에게 위험할 수 있다.

귀 청소

'외모와 그루밍' 활동에서 평가자는 반려견의 귀를 가볍게 검사한다. 귀를 만지고 다루는 것은 반려견이 귀에 감염되거나 기생충에 감염되는 것을 막을 수 있는 일련의 그루밍 작업의 첫 번째 단계이다. 몇 가지 간단한 팁은 반려견의 귀를 청소하고 건조하며 삼염이나 진드기가 없는 상태로 유지하는 데 도움이 될 것이다. 귀 청소 기술에 대해 궁금한 점이 있으면 수의사 또는 경험이 풍부한 미용사에게 빠른 조언을 구하는 것이 좋다.

일상적인 귀 관리는 반려견의 귀에 염증이 생기거나 기생충에 감염되는 것을 막을 수 있다.

1. 반려견의 귀를 만지고 다룰 수 있게 된 후에는 보다 철저한 숙제가 주어진다. 한쪽 귀씩 차근차근 시작하라. 귀를 손으로 잡고 귀의 겉을 보고 만져보아라. 혹, 긁힘 또는 기타 문제가 있는지 확인하라. 반대쪽도 똑같이 하라.
2. 다음으로 귀 안쪽을 확인해본다. 만약 귀가 더럽다면, 깨끗한 천이나 솜뭉치를 사용하여 귀를 청소하라. 천이나 솜(반려견 용품점이나 수의사에게서 얻을 수 있음)을 약간의 물로 적신 후 귀지를 부드럽게 제거할 수 있다. 귀에 먼지나 귀지가 많으면 알코올이나 미네랄 오일을 사용해도 좋다.
3. 반려견의 귀에서 악취가 나거나 반려견이 지속적으로 머리를 흔든다면, 진드기 감염일 가능성이 높으며, 가능한 한 빨리 수의사에게 가서 귀를 검사해야 한다.
4. 털이 무거운 반려견은 귀 안에 털이 많이 자랄 수 있다. 만약 반려견의 귓구멍이 털로 막혀 있다면, 털의 일부를 다듬어야 한다. 귀 안쪽이나 주변의 머리카락을 다듬을 때는 실수로 자를 수 있는 작은 주름이 많기 때문에 극도로 주의해야 한다. 초보 그루머들에게 좋은 안전한 기술은 엄지와 검지 사이로 털을 잡고 손가락 윗부분에 튀어나온 털을 자르는 것이다.

5. 그루머들은 종종 겸자가위를 이용하여 반려견의 귀에서 털을 뽑아낸다. 처음 시도하기 전에 반드시 누군가에게 사용 방법을 배워야한다. 그루머들은 또한 스패니얼과 같은 긴 귀를 가진 반려견들의 귀 안쪽을 그루밍하기 위해 클리퍼를 사용한다. 클리퍼는 주의해서 사용해야 하며 이 또한 누군가에게 사용 방법을 배워야 한다.

빗질 장비

CGC 테스트 항목 중 '외모와 그루밍'에서는 평가자가 반려견을 부드럽게 빗질한다. 언급했듯이, 당신은 빗 또는 그루밍 장갑을 테스트에 가지고 가야 하고, 이상적으로는, 반려견의 털 유형에 따라 도구를 선택해야 한다. 반려견을 빗질하기 위한 다양한 도구들이 있으며 가장 일반적인 것은 핀 브러시, 브리슬 브러시, 콤 브러시 그리고 레이크 브러시다.

보호자는 CGC 테스트에 집에서 사용하고 있는 빗을 가져와야 한다. 털이 긴 반려견들은 보통 빗을 이용해 빗질을 할 것이고, 빳빳하고 짧은 반려견들은 그루밍 장갑을 이용해 빗질을 할 것이다.

일반적으로 핀 브러시는 중간 길이에서 긴 털을 가진 반려견에게 사용된다. 핀이 털을 통과하여 털을 분리하고, 먼지를 제거하고, 작은 엉킴을 제거한다.

브리슬 브러시는 짧은 털과 얼굴에 사용할 수 있는 브러시다. 또한 털을 매끄럽게 하고 반려견의 외모를 완벽하게 만들기 위한 빗질의 마지막 단계로 사용될 수 있다. 옛날에는 소녀들이 건강하고 윤기 나는 머리를 유지하기 위해 하루에 최소 100번 머리를 빗어야 한다고 했다. 브리슬 브러시는 이와 같은 방식으로 반려견의 털을 건강하게 보이도록 유지할 수 있는 브러시이며, 하루에 100번씩 빗을 수 있다. 당신이 가장 좋아하는 TV 쇼를 보면서 반려견과 함께 바닥에 앉아 브리슬 브러시로 반려견을 빗어주면 반려견은 즐거워할 것이다.

콤 브러시는 짧거나 아주 고운 털을 가진 반려견을 그루밍하는 데 좋다. 콤 브러시는 짧은 털을 곧게 펴고 정돈하며 잔해를 제거하는 데 유용하다. 벼룩이 있는 지역에서는 특별한 벼룩용 콤 브러시를 사용하여 반려견의 해충을 제거할 수 있다. 이 벼룩용 콤 브러시의 빗살은 벼룩과 같은 작은 생물을 쉽게 제거할 수 있도록 매우 촘촘하게 되어 있다.

레이크 브러시는 손잡이와 빗살이 있는 갈퀴 모양의 도구다. 레이크 브러시는 죽은 안쪽 털을 뽑는 데 매우 유용한 도구다. 두꺼운 안쪽 털을 가진 시베리안 허스키와 같은 견종에 사용되며, 레이크 브러시를 사용하면 더 많은 안쪽 털을 고통 없이 제거할 수 있다. 죽은 안쪽 털을 제거하면 반려견의 털이 더 자유롭게 숨을 쉴 수 있고, 추가적으로 청소해야 하는 털의 양이 줄어들게 된다. 또한 레이크 브러시는 털이 엉켜 있는 부분을 해소하는 데 사용할 수 있다.

다른 빗질 도구로는 고무 브러시, 그루밍 장갑(앞서 언급했듯이 손바닥에 질감이 있는 장갑, 주로 짧고 빳빳한 털에 사용됨), 커리 브러시(손잡이에 금속 혹은 고무 링이 붙어있는 타원형 빗), 그리고 슬리커 브러시(손잡이에 있는 부드러운 고무에 장착된 매우 미세하고 부드러운 금속 빗살로 만들어진 빗)가 있다. 이 도구들은 모두 반려견의 외모를 정돈하고, 엉킴을 방지하고, 죽은 털을 제거하는 데 사용된다.

반려견을 빗을 때, 한 번에 한 부위씩 시작하라. 예를 들어, 한 쪽 뒷다리부터 시작해서 점차적으로 다른 뒷다리, 그리고 배 등 각 부위로 넘어가라. 반려견이 긴 두꺼운 털을 가지고 있다면, 털의 윗부분만 빗는 것이 아니라 털의 깊숙한 부분도 빗질해야 한다. 이렇게 하면 털 전체가 건강하게 유지된다.

털을 들고 각 부위를 조심스럽게 빗으면서 각 구간을 약 7~8센티미터 정도로 나눠서 빗어라. 엉킨 부분을 발견하면, 강제로 빗을 꽂지 말고 조심스럽게 풀어주어라. 이 방법은 반려견이 털 뽑힘으로 인한 불편함을 최소화하고 빗질을 참을 수 있도록 도와준다.

헤어컷

만약 당신이 저먼 쇼트헤어드 포인터나 도베르만 핀셔와 같은 그루밍에 손이 많이 가지 않는 반려견을 키우고 있다면, 선택할 수 있는 헤어스타일이 많지 않을 것이다. 하지만 털이 더 두껍거나 긴 반려견이라면, 더 많은 털 그루밍 옵션이 있을 것이다. 예를 들어, 당신은 당신의 푸들을 해당 견종의 표준 미용 스타일 중 하나로 깎을 생각이 있는가? 그렇다면, 푸들 미용에 관한 책을 참고하거나, 다른 푸들 보호자들로부터 조언을 구하거나, 전문적인 미용사에게 반려견의 털을 자르도록 부탁할 수 있다. 만약 보호소에서 털이 많은 테리어 믹스견을 입양했다면, 슈나우저 컷을 하면 사랑스러워 보일 것이다.

반려견의 헤어스타일을 결정할 때 당신의 생활 방식과 어떤 헤어스타일이 반려견에게 가장 좋을지 고려해 보아라. 예를 들어, 올드 잉글리시 쉽독은 털이 눈을 덮는 품종이지만, 만약 반려견이 어질리티 경기를 연습하고 있다면 털을 자르고 싶을 수도 있다. 또한, 도그쇼에서의 잉글리시 스프링거 스패니얼은 바닥에 거의 닿을 정도로 풍성한 털이 멋지게 보일 수 있지만, 대회에서 은퇴한 후 가족 반려견으로서 매일 수영을 즐기는 경우 짧은 헤어스타일이 더 편리할 수 있다.

반려견에게 세련된 미용을 제공하기 위해 필요한 가장 일반적인 도구는 가위, 숱 가위, 그리고 일부 견종에게는 전기 클리퍼가 포함된다. 클리퍼를 사용하기로 결정한 경우, 경험이 풍부한 반려견 미용사로부터 약간의 훈련을 받아 어떤 종류의 클리퍼가 가장 적합한지에 대한 지침을 얻는 것이 좋다.

발과 발톱 관리

인간과 마찬가지로 반려견은 발과 발톱을 적절하게 관리해야 한다. 많은 털을 지닌 견종의 발은 단정하게 유지되어야 한다. 이것은 단순히 미용적인 이유 때문뿐만 아니라 건강상의 이유로도 중요하다. 발바닥 사이의 털을 정돈하면 공기가 더 잘 순환하고, 반려견이 감염될 가능성이 줄어든다.

전문 미용사들은 주로 반려견의 발바닥과 발가락 사이의 털을 다듬기 위해 클리퍼를 사용한다. 그러나 이 작업은 기술과 연습이 필요한 작업이다. 만약 당신이 이미 발 핸들링에 숙련된 훈련을 받은 반려견을 키우고 있다면, 가위를 사용하여 발바닥과 발가락 사이의 털을 자를 수 있다.

발톱에 대해서 얘기하자면, 경험 많은 반려견 훈련사조차도 종종 반려견의 발톱을 자르는 것이 어려운 일임을 안다. 반려견이 발톱 깎이를 보면 날뛰는 경우, 일부 보호자들은 반려견의 평생 동안 수의사나 미용사에게 발톱을 깎아달라고 요청할 것이다. 반려견이 어린 시절부터 발톱 관리를 받을 수 있도록 훈련시키는 것은 당신의 삶을 더 쉽게 해줄 뿐만 아니라 돈도 아낄 수 있다.

만약 당신이 반려견의 발톱을 깎는 것에 어려움이 있다면, 절망하지 마라. 이것은 배울 수 있는 기술이다. 첫 번째 단계는 당신이 반려견의 발을 핸들링할 수 있는 능력을 갖추는 것이다. 앞에서 언급한 둔감화와 긍정적인 강화제(간식)를 활용한 훈련은 간지러운 발을 다룰 수 있는 핵심이다.

발톱 깎이는 여러 가지 종류가 있는데, 가장 잘 알려진 것은 가위형 발톱 깎이와 단두대형 발톱 깎이다. 조금 더 투자하면, '퀵(quick)'이라고 불리는 발톱 중간 부분에 가까이 다가갔을 때 알려주는 센서가 있는 안전한 발톱 깎이를 구할 수 있다. 발톱 깎이를 사용할 때 퀵을 자르지 않도록 조금씩 점진적으로 잘라내야 한다.

그라인더는 반려견의 발톱을 짧게 하는 또 다른 유용한 도구다. 그라인더는 사포와 같은 표면으로 덮여 있는 휴대용 도구다. 만약 반려견의 발톱을 정기적으로 관리하는 데 훈련을 받는다면, 그라인더만으로 충분할 수 있으며 발톱 깎이를 사용할 필요가 없을 수도 있다. 하지만 그라인더는 사용 중에 발열하기 때문에 발톱이 지나치게 길 때 그라인더를 사용하여 반려견을 다치게 할 위험을 감수하지 말아야 한다. 발톱을 깎는 것은 경험 많은 사람으로부터의 실전 훈련을 권장하는 또 다른 옵션이다.

미용사 선택

당신에게는 고급 그루밍 기술에 의존하는 털을 가진 견종이 있을 수 있다. 또는 시간이 부족하거나 다른 사람에게 그루밍을 맡기고 싶을 수도 있다. 이러한 경우를 위해 전문적인 미용사들이 서비스를 제공할 준비가 되어 있고 기다리고 있다. 온라인에서, 반려견을 키우는 친구나 수의사, 혹은 근처 반려동물 용품점에서의 추천을 통해서 미용사를 찾을 수 있다.

그루밍은 반려견에게 나쁜 경험을 유발할 수 있으므로, 미용사를 선택할 때 해당 미용사의 훈련과 기술에 대해 물어보는 것이 중요하다. 특히 특정한 스타일을 필요로 하는 견종을 키우고 있다면, 미용사가 이전에 해당 견종을 미용한 경력이 있는지 알아보는 것이 좋다.

미용사가 반려견을 미용할 때 멀리서 지켜볼 수 있는지 물어보는 것이 좋다. 많은 대형 반려동물 용품점의 미용사들은 큰 창문 뒤에서 작업하기 때문에 고객들이 일부 서비스를 관찰할 수 있다.

만약 반려견이 처음으로 새로운 미용사를 만나러 간다면, 미용사가 제공한 서비스 결과에 만족하는지 주의 깊게 살펴보아라. 또한 반려견이 미용사와의 상호작용에 어떻게 반응하는지를 주의 깊게 관찰해야 한다. 반려견이 미용사를 만난 후에 정신적 충격을 받지 않아야 한다. 관찰 중, 낑낑거리며 겁먹은 행동을 하는 반려견들을 누군가가 때리거나 난폭하게 구는 일을 목격하는 일이 없어야 한다.

단순한 시험 항목 그 이상의 것

반려견의 외모와 그루밍은 CGC 테스트뿐만이 아니라 반려견의 일생 동안 중요한 부분 중 하나다. 그루밍은 반려견를 멋지게 보이게 하는 것뿐만 아니라 반려견의 피부, 털, 눈, 귀, 그리고 발을 건강하게 유지하고 건강 문제로부터 자유롭게 하는 데 중요한 역할을 한다.

반려견이 강아지일 때부터 CGC 테스트를 위한 연습을 하는 것은 강아지가 그루밍 장비와 루틴에 익숙해지는 데 도움이 될 것이다. 반려견과 함께 훈련하면 그루밍과 일상적인 건강 검진을 갈등 없이 받아들이는 반려견으로 키울 수 있다. 이 테스트 항목의 기능적인 측면을 고려하여 반려견이 그루밍과 건강 검진을 스트레스 없이 허용할 수 있도록 노력하라.

이 목표를 달성하기 위해 추가 연습이 유용할 것이다. 예를 들어, CGC 테스트에는 포함되어 있지 않지만 수의사가 하는 것처럼 반려견의 입 안을 정기적으로 확인해야 한다. 반려견 전용 치약을 사용하여 정기적인 양치로 반려견의 치아를 깨끗하게 유지하고 잇몸 질환을 예방할 수 있다.

또한 강아지를 어릴 때부터 그루밍 작업에 익숙하게 하면 그루밍을 기대하는 강아지로 키울 수 있다. 그루밍을 늦게 시작하는 반려견에게는 둔감화와 긍정적인 강화제(간식)와 같은 건전한 훈련 기술을 사용하여 털 그루밍을 스트레스 없이 받아들일 수 있도록 가르칠 수 있다.

마지막으로, 촉각 자극(터치)은 보호자와 반려견 양쪽에게 매우 강력한 강화제가 될 수 있다. 규칙적인 훈련을 통해, 당신과 반려견은 곧 그루밍 시간을 기대할 수 있을 것이다. CGC 테스트의 3번 테스트 항목을 통과하는 것은 반려견이 순종적이며 통제를 받고 잘 보살피는 것을 나타내준다.

'외모와 그루밍' 테스트 항목을 준비하는 동안, 반려견은 당신과 다른 사람들이 자신을 조심스럽게 다룰 것이라는 믿을 수 있는 중요한 인생 교훈을 배울 것이다.

CGC 테스트 항목 4

산책 나가기 (느슨해진 목줄로 걷기)

이 테스트는 산책을 나갈 때 보호자가 반려견을 통제한다는 것을 보여준다. 반려견은 핸들러의 어느 쪽이든 핸들러가 선호하는 쪽에 있을 수 있다. (참고: AKC 오비디언스 경기에서는 왼쪽에 서야 한다.)

평가자는 사전 계획된 코스를 사용하거나 핸들러에게 "우회전 하세요"와 같은 방향 지시를 할 수 있다. 어떤 형식을 사용하든, 우회전, 좌회전, 반회전이 있어야 하며, 중간에 한 개 이상의 정지점과 마지막에 한 개의 정지점이 있어야 한다.

핸들러는 반려견을 격려하기 위해 걷기 내내 반려견과 대화할 수도 있고 칭찬할 수도 있다. 핸들러는 또한 반려견이 멈추면 앉으라는 명령을 내릴 수 있다.

- 반려견의 위치는 반려견이 핸들러에게 주의를 기울이고 핸들러의 움직임과 방향의 변화에 반응하고 있다는 것에 의심의 여지가 없어야 한다.
- 반려견이 핸들러와 완벽하게 정렬되어 있거나, 모든 정지점에 앉을 필요는 없다.
- 반려견은 목줄이 팽팽해질 정도로 목줄을 지속적으로 당겨서는 안 된다. 평가자는 핸들러에게 목줄을 느슨하게 할 것을 지시할 수 있다. 때에 따라 팽팽해진 목줄이 허용될 수 있다.
- 반려견이 핸들러와 함께 걷지 않고 지면의 냄새를 과도하게 맡으면 테스트에 통과하지 못할 수 있다.
- 만약 반려견이 핸들러에게 완전히 주의를 기울이지 않는다면(예: 방향을 바꾸지 않는 것), 테스트를 통과할 수 없다.

산책

누군가 반려견을 키우기로 결정하면, 그 보호자는 멋진 새로운 반려견과 함께 산책에 나서는 상상을 시작한다. 큰 기대와 흥분으로 넘치는 보호자는 그 순간이 어떻게 진행될지 정확히 상상한다. 신중하게 선택한 완벽한 강아지에게 새로운 목줄을 채우고, 함께 길을 걸으며 자랑스러움을 느낄 것이다.

매일 걷는 것(산책)은 보호자와 반려견, 그리고 서로의 관계에 상당한 이점을 제공한다. 반려견은 CGC 테스트와 동네, 또는 반려견의 출입이 가능한 공공장소에서 산책할 때 통제되어야 한다.

모든 사람들이 반려견을 쓰다듬고 보호자를 칭찬하기 위해 멈출 것이고, 햇빛이 내리쬐고 새가 지저귀며, 주위에서는 좋은 음악이 흘러나올 것이다.

그러나 가끔 이런 상황이 발생하지 않을 때도 있다. 활동적이고 흥분한 반려견은 종종 목줄을 당겨 보호자가 걷는 것을 힘들게 만들기도 한다. 예를 들어, 아이디타로드의 탈주견처럼 목줄을 엄청난 힘으로 당기며 거리를 달려갈 수도 있다. 이런 산책 문제는 대형견과 중형견에만 해당하는 것이 아니다. 작은 소형견들도 보호자를 당기는 경우가 있으며, 그들의 속도와 크기 때문에 목줄이 보호자의 다리에 감길 수 있다. 대형견의 엄청난 힘 때문에 양손 손바닥에 목줄 자국이 생기는 산책을 몇 번 하고 집에 돌아온 후, 혹은 3kg가 채 안 되는 털뭉치를 완전히 제어할 수 없는 것에 대해 심각한 당혹감을 느낀 후, 당신은 반려견이 뒷마당에서 필요한 모든 운동을 할 수 있다고 결정할지도 모른다. 이러한 상황은 당신과 반려견 양쪽 모두에게 좋지 않은 영향을 미칠 수 있다.

CGC 테스트의 4번 항목은 '산책 나가기(느슨해진 목줄로 걷기)'다. 특히 대형견에게는 이 항목이 "팔이 뽑혀선 안 되는"는 테스트로도 알려져 있다. 목줄을 제어하고 멋지게 걷는 능력은 보호자가 산책을 효과적으로 즐길 수 있는 가능성을 높인다.

이 그레이트 데인은 누군가를 끌고 다닐 정도로 힘이 세지만, CGC 훈련 덕분에 이 반려견은 침착성과 통제성을 길렀다.

매일 산책이 일상의 일부가 되면, 반려견과 보호자는 신선한 공기를 마시며 운동하고 서로 간의 유대감을 형성하는 데 큰 이점을 얻는다.

뒷마당에서 반려견이 충분한 운동을 할 수 있다는 것은 사실이지만, 반려견들이 산책을 통해 다른 반려견들과 사람들과 소통하고 새로운 자극과 경험을 얻는 것도 중요하다. 지역사회에서 산책하는 것은 반려견의 지능과 감정적인 행복을 증진시키는 데 도움이 된다. 이번 장에서는 반려견을 느슨한 목줄로 걷게 하는 방법을 소개한다.

시작 위치

CGC 테스트에서 핸들러는 선호하는 쪽인 왼쪽이나 오른쪽으로 반려견과 함께 걸을 수 있다. 장애가 있는 것이 아니라면 반려견이 왼쪽에 위치하도록 훈련하는 것이 좋다. 이것은 AKC 경기 종목(장애를 가진 핸들러를 위한 특별한 조치가 취해짐)에서 연습이 표준화되도록 하는 것이다. 예를 들어, 당신이 왼쪽에 반려견을 두고 원을 그리며 걷는다면, 오른쪽으로 원을 그릴 때는 반려견이 외부에 위치하게 된다. 반면 왼쪽으로 움직이면 반려견은 안쪽에 있게 되어 전혀 다른 운동이 된다.

또한, 이전에 언급한 대로 반려견을 핸들러의 왼쪽에 두는 전통은 과거 사냥꾼들로부터 시작되었다. 대다수의 사람들이 오른손잡이이고 총을 오른손에 들어야 했기 때문에 그들은 반려견을 왼쪽에 두었다.

왼쪽에 반려견을 두고 훈련하는 것은 당신이 오비디언스와 같은 활동을 준비할 수 있도록 도울 것이다.

더 나아가서, 핸들러가 반려견과 말과 함께 걸을 때, 말은 일반적으로 오른쪽에 있었고 반려견은 왼쪽에 있었다. CGC 테스트를 준비하면서 반려견 훈련에 푹 빠질 수 있길 바란다. 또한, 반려견을 왼쪽에 두고 훈련하는 것은 랠리와 오비디언스 등 재미있는 이벤트에 대비한 훈련 및 경기 준비를 위한 좋은 준비가 될 것이다.

산책 교육

간식 또는 장난감을 유인제로 사용하기

- 반려견과의 놀이 시간을 위해 장난감을 사용하고, 이 장난감을 강화제(반려견이 원하고 노력하여 얻을 수 있는 것)로 활용한다. 또한, 반려견이 선호하는 간식으로 대체할 수도 있다.
- 반려견을 옆에 두고 시작하라.
- 손(허리 중앙)에 유인제를 쥐어라.
- "걸어" 또는 "힐"과 같이 선택한 언어적 명령을 내린 후 앞으로 걸어가라. 비록 반려견이 CGC 테스트 동안 힐과 관련된 훈련을 할 필요는 없지만, 현재 힐 훈련을 시작하는 것이 좋다.
- 반려견이 당신과 함께 걷기 시작하면, 칭찬하라.
- 반려견에게 주기적으로 목줄을 하고 멋지게 걷는 것에 대한 보상으로 간식이나 장난감을 주어라. 처음에는 보상을 더 자주 사용할 것이지만 결국에는 그 횟수를 점진적으로 줄일 것이다. 당신의 칭찬이 산책하는 즐거움과 함께 결국에는 보상이 될 것이다.

'느슨한 목줄'이란 무엇일까?

느슨한 목줄은 팽팽하게 당기지 않는 것이다. CGC 테스트에서 평가자는 목줄의 느슨함을 평가한다. 걸을 때, 목줄은 "U"자의 곡선을 이루도록 느슨해야 한다. 반려견이 당신의 옆에 앉아 있을 때, 심사자는 반려견의 목줄이 시작점부터 핸들러의 손잡이까지 "J"자 모양을 이룰 정도로 충분한 여유가 있어야 한다. 산책의 궁극적인 목표는 당신이 반려견을 산책에 데리고 갈 수 있고, 반려견은 목줄을 당기지 않는 것이다.

- 짧은 거리부터 시작해서 직선으로 걷도록 한다. 훈련하는 동안 10~15걸음 정도로 시작하고, 점차 거리를 늘려가라.
- 반려견이 목줄을 차고 일직선으로 걸을 수 있다면, 원을 그리며 걷기(시계방향과 반시계방향 모두), 사물의 안팎을 누비기, 좌우로 빠르게 돌기, 정지하기 등 특이한 패턴을 추가한다. 또한, 당신이 멈출 때 반려견에게 앉는 법을 가르쳐야 한다.

고급 활동: 힐(heel)

반려견이 당신의 왼쪽 가까이에서 작업하도록 가르치는 한 가지 방법은 복도나 긴 건물의 바깥쪽에서 시작하는 것이다. 왼쪽에 있는 반려견을 벽에 가까이 두고 앞으로 나아가면서 "따라와"라고 말한다. 이렇게 하면 벽이 반려견을 고정시키는 역할을 한다.

개방된 공간이나 야외에서 힐을 가르치려면 다음 단계를 수행하라.

- 반려견을 왼쪽에 두는 것부터 시작하라. 오른손에 간식을 들고 보상으로 이용하라.
- "따라와"라고 말하면서 왼발로 걸음을 시작하라. 왼발로 시작하는 이유는 반려견이 앞으로 나아가는 왼쪽 다리의 움직임을 쉽게 알아차릴 수 있기 때문이다. 결국, 당신은 어떤 언어적 신호도 없이 걷기 시작할 수 있을 것이고, 반려견은 당신의 일관된 신체 움직임에 반응할 것이다.

힐 포지션

힐을 가르치는 것은 다른 반려견들에게 달려들거나, 차를 쫓아가거나, 또는 스스로 문제나 위험에 빠지길 원하는 반려견들을 효과적으로 통제하는 방법 중 하나다. AKC 오비디언스 규정(제2장, 18항)에 정의된 힐 포지션은 "반려견이 앉아 있거나, 서 있거나, 누워 있을 때, 발뒤꿈치에 맞춰서 움직이고 있는지 여부를 적용한다. 반려견은 핸들러가 향하는 방향의 일직선으로 핸들러의 왼쪽 뒤꿈치 옆에 있어야 한다. 반려견의 머리에서 어깨까지의 영역은 핸들러의 왼쪽 엉덩이와 일직선이 되어야 한다. 반려견은 핸들러에게 가까이 있어야 하지만 핸들러의 몸이 자유롭게 움직일 수 있도록 밀어내지 않아야 한다.

순종 반려견, 혼종 반려견, 어떤 크기의 반려견이든 CGC 훈련에 뛰어날 수 있다. CGC 테스트에서 반려견은 공식적인 오비디언스에서 요구하는 힐 포지션을 준수해야 한다. 여기, 이 반려견은 보호자보다 약간 뒤에 있지만, 목줄이 느슨해서 반려견은 시험에 통과할 것이다.

- 몸(발목과 몸통)을 앞으로 향하게 하고, 힐 포지션을 취한 반려견을 칭찬하며 몇 걸음 걸어가라. 만약 간식을 사용하여 훈련하고 있다면, 훈련 시작 시에 몇 번의 걸음마다 간식 보상을 줄 수도 있다. 활기차게 걷는 것은 반려견이 앞으로 나아가게 하는 좋은 방법이다. 느리고 정적으로 걷는다면, 반려견은 힐의 요점을 깨닫지 못할 수 있다.
- 몇 걸음을 걸은 후, 오른발로 마지막 발을 내딛은 후 왼발을 오른발 옆으로 들여놓아라. 그 때, 반려견은 걷는 것을 멈춰야 한다.
- 또한 당신이 멈출 때마다 반려견을 앉힐 수도 있다.
- 반려견이 상체를 세워 긴 직선으로 힐 포지션을 할 때까지 이 과정을 반복하고, 다른 패턴(좌회전, 우회전, 원회전, 회전)을 추가하라.
- 근처에서 아이들이 놀고 있거나 다른 사람들이 지나다니는 장소 등에서 반려견이 힐 포지션을 유지하도록 연습해보아라.

목줄 당기는 것을 멈추는 기술

반려견이 목줄을 잡아당겼을 때, 당신이 끌려다니게 된다면, 당신은 그 행동을 보상한 것이다. 반려견이 원하는 결과를 얻게 된 것이기 때문이다. 그 행동은 그가 다른 개나 새로운 냄새에 가까워지기 위한 자연스러운 반응일 수 있다. 따라서 그러한 행동을 한 번 허용한다면, 반려견은 그것을 반복하려고 할 것이다. 이러한 이유로 반려견이 목줄을 당기는 행동에 대해 (비록 의도적이지 않더라도) 보상하지 않아야 한다.

기술 1

1. 반려견이 당기기 시작하면, 걸음을 멈추어라.
2. 가만히 멈춰 서라. 반려견에 이끌려 앞으로 가지 않도록 한다.
3. 기다려라. 반려견은 계속해서 줄을 당길 테지만 결국엔 포기할 것이다.
4. 반려견이 멈추면, 당신은 반려견을 칭찬하고 다시 걸어나아갈 수 있다. 당신이 앞으로 나아가는 것을 보고 신이 난 반려견이 목줄을 다시 당길 때는 어떻게 해야 할까?
5. 위의 단계들을 반복한다. 반려견이 잡아 당기는 한 당신이 아무 데도 가지 않을 거라는 것을 반려견이 알게 될 때까지 오래 걸리지 않을 것이다.

AKC S.T.A.R. Puppy 훈련에서 약간의 간식은 강아지가 보호자의 곁에 있도록 북돋아준다.

기술 2

1. 만약 반려견이 자유롭게 방향을 바꾸어 가려고 시작하면, 힘차고 당당하게 반대 방향으로 이동하라. 이렇게 하면 반려견이 당신을 따라오기 위해 서둘러 따라갈 것이다.
2. 반려견이 당신의 움직임을 따라가기 시작하면 칭찬하고, 훈련 초기에는 반려견이 따라온 것에 대한 보상으로 간식을 주어라. 결론적으로 반려견은 당신이 향하는 방향을 주의 깊게 주시하는 방법을 배우게 될 것이다.

산책 에티켓

반려견과의 산책을 계획할 때, 당신은 마음속에 목적지가 있을 수 있다. 한두 블록을 돌거나, 공원을 가로질러 가거나, 모퉁이에 있는 세계적인 빵집에서 무언가를 살 것이다. 산책 중 일부는 분명히 A지점에서 B지점으로 진지하고 업무적으로 걷는 것을 포함할 수 있으며, "산책하자"와 같은 지시를 내릴 수 있다.

산책은 반려견들이 그들이 사는 지역을 알아가는 방법 중 하나이기도 하다. 산책하는 동안 일부 시간은 반려견이 새로운 물건이나 냄새를 탐험하고 싶을 때를 고려해야 한다. 언어적 신호는 반려견이 당신과 함께 걸을 때와 "영역표시" 냄새를 탐지하는 것이 괜찮은 때를 구별하는 데 도움이 될 수 있다. "산책 가자"와 같은 언어적인 신호는 반려견이 걷는 시간과 냄새 맡는 시간을 구별하는 데 도움이 된다.

또한 산책 시 적절한 예절을 준수해야 한다. 마치 다과회에 참석하거나 공식적인 저녁 식사를 하는 것처럼, 반려견을 산책에 데리고 갈 때에도 예절이 필요하다.

복잡한 공공장소에서 반려견을 관리하는 뛰어난 방법으로 반려견이 당신에게 주의를 기울이도록 가르치는 것이 있다.

무엇보다도, CGC 테스트에 대한 책임 있는 보호자로서의 서약을 기억하라. 공공장소에서는 항상 반려견의 뒤처리를 해야 한다. 산책을 나갈 때마다 청소 봉투를 주머니에 넣는 습관을 길러라. 반려견의 목줄 근처에 봉투를 두면, 떠날 때 봉투에 손을 뻗을 가능성이 더 높아진다. 또한 작은 봉투 홀더를 구입하여 가방과 클립에 봉투를 넣을 수 있도록 준비를 갖추는 것이 좋다.

규칙을 엄수하라. "반려견 금지"라는 표지판을 본다면, 이것은 반려견에게도 적용된다. 대도시에서 화장실 공간이 제한적일 수 있지만, 반려견을 위한 지정된 구역을 찾아라. 야생동물 보호구역이나 산책로 이외의 장소가 허용되지 않는 공원에서는 산책로에만 있도록 하라.

모든 사람이 반려견을 좋아하지 않을 수 있음을 인지하라. 인도, 산책로, 혹은 복도가 붐비는 경우, 다른 사람이 접근할 때 반려견을 잘 통제하라. 때로는 반려견을 다른 방향으로 옮기는 것이 좋을 수 있다. 예를 들어 엘리베이터에서, 다른 사람들과 공간을 공유할 때 반려견을 엘리베이터 벽과 당신 사이에 두어라.

또한 산책 중에 다른 반려견을 데리고 다니는 사람을 만나면, 다른 반려견을 주의 깊게 주시하라. 만약 다른 반려견이 그의 보호자를 잡아당기거나 뛴다면, 상황이 지나갈 때까지 반려견을 옆으로 이동시키는 것이 좋을 수 있다. 마찬가지로, 이러한 상황에서 반려견이 올바르게 행동하도록 노력하라.

반려견을 산책시킬 때 예의를 갖는 것은 모든 반려견 보호자들이 공공장소에서 반려견을 키우는 권리를 유지하는 데 도움이 될 것이다. 보호자들이 반려견의 뒷처리를 하지 않는다면, 모든 반려견 보호자들은 어려움을 겪게 된다. 또한, 반려견이 문제를 일으킨 공공장소에서는 반려견의 접근을 제한하는 조치가 취해질 수 있다. 산책을 즐기는 사람들, 등산객, 그리고 쾌적한 야외 활동을 즐기려는 사람들은 반려견들이 문제를 일으키는 것에 대해 불만을 품을 수 있다. 이 모든 책임은 보호자에게 달려 있다. 반려견과 함께 산책할 때, 당신은 다른 사람들에게 모범이 될 수 있다.

CGC 테스트 항목 5

군중 사이로 걷기

이 테스트는 반려견이 보행자들 사이에서 예의 바르게 움직일 수 있고 공공장소에서 효과적으로 통제될 수 있는 능력을 보여준다.

반려견과 핸들러는 걸어다니며 여러 명의 사람(적어도 세 명)이 가까이 지나친다. 평가자는 군중 안에 포함될 수 있다. 어린이들도 군중 속에서 행동할 수 있지만, 시험에 참여하는 어린이들은 역할에 대한 교육을 받고 어른의 감독을 받아야 한다. 군중 중 일부는 정지하고 있을 수 있고, 다른 일부는 움직이고 있어야 한다. 이렇게 함으로써 혼잡한 보도나 공공 행사에서 군중을 통과하는 상황을 시뮬레이션한다.

만약 CGC 테스트가 치유견 테스트와 자격증의 전제 조건으로 사용된다면, 대부분의 국가 인증 치유견 그룹은 군중 안에서 적어도 한 명이 보행 보조기구, 지팡이, 휠체어 등 의료 장비를 사용하는 상황을 시뮬레이션하도록 요구할 것이다.

- 이 테스트에서 반려견은 낯선 사람들에게 약간의 관심을 보일 수 있지만, 지나친 활기나 소심함, 또는 분노를 보이지 않고 핸들러와 계속해서 걸어야 한다.
- 반려견은 다른 사람들에게 약간의 호기심을 보일 수도 있다. 반려견은 군중 안에서 잠시 사람들의 냄새를 맡을 수 있지만, 즉시 앞으로 나가야 한다.
- 반려견은 군중 안의 사람들에게 뛰어들거나, 그들에게 다가가려고 시도해서는 안 된다.
- 반려견은 목줄을 당기면 안 된다.
- 반려견은 핸들러 뒤에 숨으려고 해서도 안 된다.

반려견들은 우리를 사랑하며 함께 시간을 보내고 싶어 한다. 이 헌신적이고 사랑스러운 생명체들은 매일의 여행과 특별한 활동을 통해 인간 동반자들과 함께 풍요로운 삶을 살 자격이 있다. 앞에서 이미 반려견에게 목줄을 매고 걷는 것을 가르치는 것의 중요성에 대해 이야기했다. 이제 반려견을 세상으로 데려갈 때다. 당신은 갈 곳과 만날 사람들이 있다. 아마도, 당신이 반려견과 함께 가려는 많은 장소들은 사람들로 북적일 것이다. 붐비는 보도, 붐비는 엘리베이터, 반려견 친화적인 동네 카페의 테라스, 그리고 지역사회 박람회와 도그쇼 같은 공공 행사는 테스트 항목 5번인 '군중 사이로 걷기'의 중요한 장소 중 일부일 뿐이다.

CGC 테스트에서, 반려견은 적어도 세 명의 사람들로 구성된 "집단" 안에서 테스트될 것이다.

중요한 주의사항

반려견이 군중 속에 있는 동안 그의 예절을 주의하도록 가르치지만, 당신은 책임감 있는 보호자로서, 다른 사람들이 반려견 보호자에 대해 더 좋은 인상을 받을 수 있도록 할 수 있는 몇 가지 일들이 있다는 것을 기억하라.

엘리베이터 이용

반려견과 함께 엘리베이터를 이용할 때, 반려견을 당신과 벽 사이에 두어라. 엘리베이터가 꽉 차서 앞쪽 중간에 발을 디딜 수 있다면, 대형견이나 중형견이라면 반려견에게 앉기 명령을 하라. 소형견이라면 안고 있어도 된다. 낯선 사람들로 꽉 찬 작은 공간으로 걸어 들어가는 것은 부자연스럽고 작은 반려견에게는 특히 무서울 수 있다.

군중 속 세 사람

CGC 테스트에서 시뮬레이션된 군중은 최소 세 명 이상으로 구성되어야 한다. 그러나 훈련과 연습 시에는 현실 세계에서 마주칠 수 있는 다양한 사람들의 수로 연습하는 것이 좋다. 예를 들어, 대부분의 경우, 반려견 경기에 참가하는 것은 반려견이 군중 속을 걸어가야 한다는 것을 의미하며, CGC 테스트에서 마주치는 3명의 군중은 단순한 출발점에 불과하다.

인도 탐색

분주한 인도를 걷는 동안, 통제가 어려운 반려견을 가진 사람이 다가오는 사람이 길을 지나가도록 비켜서거나, 다가오는 반려견이 공격적으로 보이지 않는 한, 계속해서 산책을 할 수 있다.

반려견이 사교적이고 앞발로 인사하는 것을 좋아한다면, 이것을 고려하라. 반려견이 훈련을 받을 때까지, 낯선 사람과 "세상에서 가장 친근한 당신의 반려견" 사이에 충분한 거리를 유지하여 반려견이 상대가 원하지 않는 인사를 하지 못하도록 해야 한다.

군중 사이로 걷기와 관련된 문제

CGC 테스트에서 평가자가 이 항목을 "더 많은 훈련이 필요하다"라고 점수를 매기는 가장 일반적인 이유에는 네 가지가 있다. 반려견이 군중 속 사람에게 뛰어오르는 것, 군중 속 사람의 냄새를 맡기 위해 보호자를 당기는 것, 타인이 무서워할 수 있는 방식으로 반응하는 것, 그리고 (흔하지 않은 일이지만 정말 유감스럽게도) 사람에게 소변을 보는 것이다.

사람에게 뛰어오르는 행동

사람에게 뛰어오르는 것은 친근한 반려견의 인사법이다. 이것은 주로 반려견의 행동 문제가 아니라, 반려견의 의사소통을 오해한 잘못된 시도라고 할 수 있다. 이러한 반려견은 흥분하고 사람을 만나고 싶어 한다. 반려견에게 있어서 사람들의 관심은 가장 큰 보상 중 하나다.

따라서 첫 번째 단계는 반려견에게 낯선 사람과 인사하는 방법을 가르치는 것이다. 반려견에게 낯선 사람을 만날 때 예의 바르게 앉아 있는 것과 같은 행동을 가르쳐야 한다. 두 번째로, 반려견에게 사람들을 무시하고 신경 쓸 필요가 없다는 것을 가르치는 것이 중요하다.

군중 속에서 사람들에게 뛰어드는 것을 조절하기 위한 가장 좋은 방법은 "따라와" 또는 "걷자"라고 말할 때 반려견이 잘 따르도록 가르치는 것이다.

Urban CGC Test에서, 이 반려견들은 사람들과 다른 반려견들 사이에서 예의 바르게 길을 건너는 방법을 보여주고 있다.

이것은 26쪽에서 언급한 DRI의 예시로 볼 수 있다. DRI는 한 가지 문제(뛰어오르는 것)를 해결하기 위해 상반된 행동(앉기, 힐 포지션)을 수행하는 반려견에게 보상을 주는 것을 의미한다. 이것이 바로 CGC 테스트에서 수행되는 모든 훈련과 행동이 중요한 이유다. 앉기, 엎드리기, 제자리에서 기다리기와 같은 명령어는 원치 않는 행동을 효과적으로 관리하기 위해 다양한 상황에서 사용될 수 있다.

사람의 냄새를 맡는 행동

반려견이 CGC 테스트의 '군중 사이로 걷기' 항목에 통과하지 못하게 되는 또 다른 상황은 특정한 발생 경위에 따라 보호자와 군중 구성원들에게 다소 당황스러울 수 있다. 여기서 언급한 상황은 반려견이 군중 속에서 사람의 특정 부위의 냄새를 빠르게 맡기로 결정했을 때를 말한다. 만약 반려견이 사람의 냄새를 좋아해 사람 옆을 지나가면서 아주 잠깐 냄새를 맡는다면, 이는 일반적으로 문제가 되지 않는다. 문제는 반려견이 사람의 특정 부위의 냄새를 맡기 시작하는 경우다. 다시 말하지만, 이것은 반려견들이 서로에 대한 정보를 얻는 방법이며, 영리한 반려견은 군중 속의 사람들에 대해 학습하려고 시도하는 것이다.

이것을 예방하는 요령은 반려견에게 힐을 가르치거나 "하지 마"라고 지시하는 것이다.

군중 속 누군가 또는 군중 자체에 대한 두려움

반려견이 군중 속의 사람들을 두려워하는 경우가 있다. 이 군중은 CGC 테스트상에서거나 현실에서 마주치는 군중일 수 있다. 이 문제를 다루는 방법 중 하나는 많은 사회화 기회를 제공하는 것이다. 만약 반려견이 사람들을 두려워하는 징후를 보인다면, 반려견이 새로운 인간 친구들을 만날 수 있는 상황을 조성해야 한다. 이를 위해서는 이해심 많고 침착한 사람들부터 시작하여 경험을 쌓거나, 목소리가 큰 사람들부터 시작하는 등 다양한 사람들과의 만남을 계획해보아라.

군중 속 사람에게 소변 보는 행동

각 반려견과 그들의 성격에 따라서, 수컷 반려견이 군중 속에서 다른 사람의 바지에 소변을 보는 행동에는 몇 가지 이유가 있을 수 있다. 이러한 행동은 종종 그들의 영역을 표시하고 나중에 다른 반려견들에게 메모를 남기는 지배적인 반려견들과 관련이 있을 수 있다. 그러나 우리가 CGC 테스트에서 가장 자주 보는 것은 훈련이 시작되고 새로운 상황에서 긴장할 수 있는 어린 반려견들이다. 테스트 중간에 수컷 반려견이 긴장해서 다리를 들어 소변을 볼 필요를 느끼고 소변을 볼 때, 공교롭게도 다른 사람의 다리가 가장 가까운 곳일 때가 있다. 만약 이런 일이 발생하면, 그 사람에게 사과하고 다시 나아가라. 반려견에게 소리를 지르거나 큰 소란을 피우지 마라. 기꺼이 군중 역할을 해줄 수 있는 친구나 가족과 함께 이 테스트 항목을 연습하라.

반려견에게 군중 사이로 걷는 법 교육

일부 반려견 보호자들은 쾌활한 반려견들로서 아무 문제 없이 군중 속 활동을 수행할 수 있다. 그러나 군중을 맞이하고 싶어 하는 반려견과 군중 속에서 두려워하는 반려견들도 있으며, 이들을 다루기 위한 가르침이 필요하다.

5번 항목에 해당하는 행동 기술인 "쉐이핑(shaping)"은 군중 사이로 걷는 것을 원하는 행동으로 이끄는 데 사용되는 연속적인 근사치를 강화하는 것을 의미한다. 예를 들어, 반려견이 열다섯 명의 사람들 사이를 지나가려고 할 때, 반려견이 한 명에게 가까이 다가갈 수 있는지, 그다음에 두 명, 그다음에 다섯 명, 마침내 열다섯 명에게 가까이 다가갈 수 있는지 확인하는 것부터 시작할 것이다. 쉐이핑은 반려견이 (1) 군중 속 사람들에게 가까이 다가갈 수 있는 능력, (2) 군중 속 사람들의 수, 또는 (3) 사람들의 낯선 특성(예: 비옷, 휠체어)과 관련된 기술이다.

보호자는 어떤 상황에서 반려견들이 다른 사람들과 상호작용하기를 바라지만, 대부분의 상황에서 반려견은 사람들 사이를 지나갈 때 다른 사람들을 무시해야 한다.

- 먼저 반려견을 목줄에 매고 3미터 떨어진 한 사람을 향해 걷는 것으로 시작한다. 반려견이 이를 문제없이 수행할 수 있을 때, 조금 더 가까이 다가가라.
- 이제 반려견에게 1.5미터 떨어진 사람을 향해 걸어가게 한다. 반려견이 그 사람에게 가려고 당길 경우 힐 포지션을 사용해 이를 막아라. 반려견이 당신과 함께 멋지게 걷는 동안 칭찬해 주어라.
- 이어서 반려견이 30센티미터 정도의 가까운 거리를 유지하며 그 주변을 돌게 하라.
- 다음으로 두 번째 사람을 추가하라. 반려견을 1.5미터 떨어진 곳에서 두 사람 사이를 걸어가도록 하고, 그다음에는 1미터 떨어진 곳에서 걷게 할 수 있다.
- 세 번째 사람을 군중에 투입하라.
- 이제 붐비는 보도의 상황처럼, 군중이 반려견을 향해 걸어갈 때처럼 연습을 진행하라. 이 행동을 반복한다.
- 반려견이 훈련 시간과 현실 세계에서 소수의 사람들 사이를 효과적으로 걷는 방법을 이해하게 되면, 분주한 길을 걸어가거나 도그쇼에 참가하거나 지역 커뮤니티 행사에 참석하는 것과 같이 더 많은 사람들과 관련된 경험을 점점 더 추가할 수 있다.

다수의 사람들과 함께 시작하라

반려견이 사람들과 가까이 다니는 것을 연습하기 위해 CGC 수업에서 학생들끼리 협력할 수 있다. 학생들은 일렬로 서서 각각의 사람 사이에 약 1.8미터 정도의 간격을 두고 시작한다. 반려견을 목줄에 매고, 줄의 끝에 있는 핸들러는 바느질을 하는 것처럼 학생들 사이를 오가며 걸어다닌다. 다음 과제는 학생들이 핸들러와 반려견이 충분한 공간을 확보하도록 원 안에 서 있게 하는 것이다. 핸들러와 반려견은 이전과 같이 학생들 사이를 바느질하는 것처럼 오가게 된다. 이 활동들을 문제없이 수행할 경우, 고급 수업에서는 학생들은 자신의 (잘 통제된) 반려견을 목줄에 매고, 핸들러와 반려견이 활동하는 것처럼 학생들 사이에 서 있을 수 있도록 한다.

익숙치 않은 관중

이제 반려견은 여러 사람들과 가까이 다닐 준비가 되었다. 이제 반려견에게 처음 보는 요소들을 연습해 보아라. 군중에 모자나 비옷을 입은 사람을 추가하는 것을 고려해 보아라. 군중은 쇼핑백이나 지갑을 가지고 다닐 수 있다. 혹시 여성이라 혼자 사는 경우, 반려견이 남성들과도 편안하게 지낼 수 있도록 군중 속에서 남성들과 연습해보는 것이 중요하다. 만약 어린아이들이 많이 사는 지역에 산다면, 반려견이 아이들과 친해질 기회를 제공해야 한다. 아이들과 접근하기 전에 반려견이 잘 통제되고 있고, 아이들의 부모로부터 허락을 받는 것을 잊지 마라.

치유견을 위한 기술

만약 반려견을 치유견으로 등록하거나 관련 자격증을 취득하고 싶다면, CGC 프로그램은 시작하기에 좋은 출발점이 될 것이다. 많은 치유견 단체들은 자신들의 치료 특화 스크리닝의 전제 조건으로 반려견이 CGC 테스트를 통과해야 한다고 요구한다.

만약 반려견과 함께 자원봉사를 한다면, 치유견은 사람들 사이를 편안하게 지나갈 수 있어야 한다. 군중은 어린이들을 위한 학교 복도나 보조 생활 시설의 주간 휴게실과 같은 장소에 있을 수 있다. 치료 환경에서 군중 속 사람들은 보행 보조기구, 지팡이, 휠체어, 링거대, 목발, 그리고 전기 카트와 같은 의료 장비를 사용할 수 있다. 치유견 테스트를 통과한 후, 특수 환경에서 일할 반려견은 의료 장비를 연습 시간에 포함하는 것이 필수적이다.

만약 사람들을 사랑하지만 휠체어와 같은 의료 장비를 두려워하는 수줍은 반려견을 키우고 있다면, 반려견을 장비에 적응시키기 위한 특별한 훈련 프로그램이 필요할 수 있다. 적응시키는 과정은 원하는 행동으로 나아가기 위해 작고 점진적인 단계를 밟는 것을 포함한다. 반려견이 휠체어에 익숙해지도록 하려면, 먼저 휠체어를 방의 가장자리에 놓아 반려견이 휠체어를 인식하게 하는 것부터 시작할 것이다.

반려견이 침착한 행동을 취하면 칭찬해주어라. 그리고 휠체어에 조금 더 가까이 이동한다. 그런 다음 반려견을 다시 칭찬한다. 휠체어 옆으로 몇 걸음씩 가까이 이동하면서 이 프로세스를 반복하라.

그다음으로, 자원봉사자를 휠체어에 앉혀 반려견과 대화하게 한다. 도우미는 반려견에게 간식을 줄 수 있다. 마지막으로, 반려견이 휠체어 주위에서 침착하게 행동할 때, 도우미는 천천히 의자를 움직이기 시작할 수 있다.

핸들러 뒤에 숨는 행동

'군중 사이로 걷기' 활동 중 핸들러 뒤로 숨으려고 시도하는 반려견들은 대부분 사람들 주변에서 더 많은 사회화가 필요한 반려견들이다. 이들은 보호자가 하루 종일 일하고, 주로 뒷마당에서 반려견을 운동시키며, 새로운 사람들과의 소개 시간을 갖지 못한 반려견들이거나, 혹은 이러한 반려견들은 삶의 초기에 어려움을 겪은 구조견이나 보호소 출신일 수도 있다. 이러한 반려견들의 보호자들은 반려견들에게 새로운 기회를 제공한 데 대해 칭찬을 받을만하다.

만약 당신의 목표가 결국 반려견을 치유견으로 키우는 것이라면, 테스트 항목 5번을 위한 훈련 시에 보행기와 목발과 같은 건강 관리 장비를 사용해야 한다.

군중 속에서 사람들을 두려워하는 반려견과 함께 연습할 때, 쉐이핑을 통해 연습을 더 작은 단계로 분할하는 것이 중요하다. 우선 반려견을 한 명의 새로운 사람에게 소개하는 것으로 시작한다. 도우미는 바닥에 앉아 반려견이 접근할 수 있도록 한다. 그 후 도우미는 일어서서 움직이기 시작해야 한다. 도우미는 반려견이 사람들로부터 긍정적인 경험을 할 수 있도록 간식을 주는 방식으로 반려견을 돕는다. 반려견이 한 사람과 잘 어울린 후에 두 번째 새로운 사람에게 반려견을 소개하고, 결국은 한 번에 두 명 이상의 새로운 사람을 초대하여 반려견을 만나도록 한다.

반려견의 세계를 확장하라

CGC 테스트의 5번 항목은 반려견이 사람들로 붐비고 분주한 공공장소에서 핸들러와 함께 움직일 수 있도록 보장한다. 반려견에게 군중 사이로 걷는 법을 가르치고 이 기술을 완벽하게 하는 것은 보호자가 어떤 장소를 갈 때 반려견도 함께 초대받을 기회를 증가시킴으로써 반려견의 세계를 확장할 것이다. 당신의 가장 친한 친구와 경험을 공유하는 것은 유대감을 강화하고 함께 보내는 멋진 삶을 향상시킬 것이다.

CGC 테스트 항목 6

앉기, 엎드리기, 제자리에서 기다리기

이 테스트는 반려견이 훈련을 받았으며 핸들러의 명령에 따라 앉거나 엎드리고 핸들러가 지시한 위치에 머무를 것임을 보여준다. 반려견은 (1) 앉기 신호에 따르고, (2) 엎드리기 신호에 따르고, (3) 앉거나 엎드린 채로 그 자리에서 기다려야 한다. CGC 테스트에서 반려견은 앉은 자세와 엎드린 자세를 모두 수행한다는 것을 보여준다.

다시 말해, 이 테스트는 다음과 같이 보일 것이다. "반려견이 신호에 앉을 수 있다는 것을 보여주세요. 좋습니다! 이제 반려견이 신호에 엎드릴 수 있다는 것을 보여주세요. 좋아요! 이제 제자리에서 기다리기를 해야 합니다. 반려견이 기다릴 위치를 선택하고, 반려견을 내버려둔 상태로 이 줄의 끝까지 걸어 나가세요."

이 테스트를 진행하기 전에 반려견의 목줄을 제거하고 6미터 또는 4.5미터 길이의 줄(이 줄은 반려견의 칼라에 연결)로 바꾼다. 핸들러는 반려견을 앉히거나 엎드리게 하기 위해 두 개 이상의 명령을 사용할 수 있으며, 이 작업에 합리적인 시간이 소요될 수 있다. 평가자는 반려견이 핸들러의 명령에 어떻게 반응하는지를 판단해야 한다. 핸들러는 반려견을 특정 위치에 놓기 위해 과도한 힘을 사용해서는 안 되지만, 가이드하는 데 손을 사용할 수 있다.

평가자의 지시에 따라 핸들러가 반려견에게 남아 있으라고 명령하고, 6미터 길이의 줄의 끝까지 걸어간 후, 돌아서 방향을 바꾼 후 정상적인 속도로 반려견에게 다가간다. 그동안 반려견은 핸들러가 정한 위치에 머물러야 한다. (필요하면 일어서거나 자세를 변경할 수 있다.)

- 6미터 길이의 줄은 안전을 위해 사용된다. 만약 CGC 테스트가 안전한 실내에서 진행된다면, 평가자는 줄을 벗기는 선택을 할 수 있다. 그러나 야외에서 테스트를 진행할 때에는, 평가자는 반려견의 안전을 최우선으로 고려해야 한다.
- '앉기' 자세 수행에 있어서 특종 견종에 대한 예외는 없다.
- 앉은 자세에서 반려견의 앞다리를 밖으로 당기는 것은 지침을 위반하는 것이며, 이 경우 반려견은 테스트를 통과할 수 없다.

CGC 테스트 항목 6번은 강아지의 행동을 관리하는 데 사용할 수 있는 기술을 개발한다.

- 초보 핸들러가 반려견을 떠날 때 긴 줄을 잡아당기는 것을 방지하기 위해(이는 반려견을 엎드리게 하기 어렵게 할 수 있음) 평가자는 다음 절차를 따를 수 있다. (1) 6미터 줄을 바닥에 곧게 눕히고, (2) 핸들러에게 줄을 반려견의 칼라에 부착하도록 지시한다. (3) 줄이 부착된 후에 핸들러에게 줄의 손잡이 끝을 주며, (4) 핸들러에게 줄의 끝을 잡은 상태로 끝까지 걸어가도록 지시한다.
- 반려견은 앉거나 엎드린 상태로 그 자리에 머무르고 있어야 한다. 핸들러가 돌아올 때, 반려견이 단순히 서서 핸들러가 떠난 자리를 떠나지 않으면 반려견은 시험에 합격한다. 핸들러를 향해 걸어가는 반려견은 테스트를 통과할 수 없다.
- 적당한 시간이 지나도 앉거나 엎드리지 않는 반려견은 더 많은 훈련이 필요하며 테스트를 통과해서는 안 된다.
- 핸들러는 줄 끝까지 갔을 때 반려견을 불러선 안 되며, 반려견에게 돌아와야 한다.

특별한 앉기 고려

CGC 테스트 항목 2번인 '낯선 사람과의 접촉에서 공손히 앉아 있기'는 반려견에게 앉는 법을 가르치는 방법을 설명했다. 또한 이것의 주요 용도로 (1) 간식을 얻기 위한 일상적인 활동의 기술과 (2) 행동 통제 기술을 언급했다. 특히 앉기는 (사람에게 점프하는 것과 같은) 해결해야 할 특별한 행동 문제에 대한 DRI 절차로 활용될 수 있다.

앉기 교육은 CGC 프로그램과 관련된 두 가지 추가 주제가 있다. 첫 번째 주제는 CGC 테스트에서 견종별 예외에 대한 것이다. 모든 반려견이 CGC 테스트를 통과하기 위해서는 견종에 관계없이 열 개의 테스트 항목을 모두 통과해야 한다. 두 번째 주제는 AKC 도그쇼에서의 반려견과 관련이 있다. 또한, CGC 훈련에서 앉는 것을 가르치는 것이 도그쇼에서 반려견의 성과에 어떤 영향을 미치는지에 대한 논의도 포함되었다. 도그쇼의 반려견은 앉는 동작을 배워야 할까?

도그쇼는 반려견의 신체 구조를 자격 있는 심사위원이 평가하는 이벤트다. 반려견은 시작부터 일어선 자세를 유지하며, 핸들러는 심사위원의 지시에 따라 반려견을 링 주위로 이동시켜 심사위원이 움직임과 걸음걸이를 관찰할 수 있도록 한다. 반려견은 이동 후에도 심사위원이 모든 반려견을 동시에 평가할 수 있도록 다른 반려견들과 일렬로 서 있는 자세를 유지해야 한다. 도그쇼에서는 심사위원이 반려견의 여러 측면을 평가하며, 이에는 신체 구조, 외모, 털 상태, 걸음걸이/움직임, 그리고 기질이 포함된다.

'제자리에서 기다리기' 테스트의 경우, 반려견은 핸들러를 기다리며 앉거나 엎드릴 수 있다.

CGC 테스트 항목에 견종별 예외가 없듯이, 보호자가 모든 기술을 가르치기에 시기가 적절하지 않다고 생각되는 반려견들에게도 예외가 없다. 만약 당신의 반려견이 모든 기술을 배울 적절한 시기가 아니라면, 우리는 CGC 테스트를 미룰 것을 제안한다. 모든 열 가지 필요한 기술을 훈련시킬 수 있을 때 테스트를 받을 것을 권장한다.

하지만, 어떤 행동적인 노하우가 있다면, 도그쇼에 참가하는 반려견이 CGC 테스트를 위해 앉는 것을 배우지 않을 이유가 없다. 여기에서 작용하는 행동 원칙은 자극 통제(또는 자극 차별, 이를 가르치는 과정)라고 불리며, 이것은 자극 통제를 가르치는 과정을 가리킨다.

현실 세계에서의 자극 조절의 예는 다음과 같다.

- 운동장에서 소리지르는 것은 괜찮지만 도서관에서 소리지르는 것은 용납되지 않는다는 것을 알게 된 아이.
- 주변에 아무도 없다면 정지 신호를 무시할 수 있다는 사실을 알고 있지만, 특히 경찰차가 근처에 있다면 정지 신호를 무시하는 것은 좋지 않은 생각이라는 것을 깨달은 운전자.
- 어떤 선생님들이 스터디 홀에서 자는 것을 봐주며 묵인해주고, 어떤 선생님들이 공부 대신 코를 골면 교장에게 신고하는지를 배운 고등학생.

반려견들은 놀라운 동물로, 예민하며 각각의 다른 상황에서 그들에게 어떤 행동이 요구되는지 쉽게 배울 수 있다. 반려견들에게 서 있어야 하는 활동과 앉는 것을 허용하는 활동을 구별하도록 가르치는 한 가지 방법은 다른 활동에 다른 종류의 목줄을 사용하는 것이다. 예를 들어, 가늘고 밝은 것은 반려견에게 도그쇼의 반려견이 될 시간이 되었다는 신호를 보내는 반면, 두껍고 버클이 있는 것은 오비디언스를 해야 할 때가 왔다는 신호를 전달한다.

반려견에게 어떤 행동이 요구되는지 알 수 있도록 보장하기 위한 두 번째 방법은 각 활동과 관련된 단어(구두 신호)를 가르치는 것이다. CGC 테스트를 준비하는 과정에서 반려견은 앉기, 엎드리기, 제자리에서 기다리기와 같은 언어적인 신호를 배우게 된다. 도그쇼에서는 반려견에게 "일어나"라는 명령을 가르치기도 하며, 도그쇼 핸들러는 반려견이 앉으려는 신호를 보이면 즉시 "서"라고 말할 수 있다. 반려견이 서 있는 동안 간식을 주면, 도그쇼 링에서 반려견이 앉으려는 시도를 하지 않을 것이다.

CGC 테스트 항목 6번에서 반려견은 핸들러의 언어 신호에 대한 올바른 반응을 보여준다.

엎드리기 교육

신호에 따라 엎드리는 기술은 모든 반려견들에게 필요한 또 다른 기본 기술이다. 앉기 명령과 마찬가지로 엎드리기는 반려견이 휴식을 취할 때 실제 상황에서 유용하며 행동 제어에 활용할 수 있다. 많은 반려견들에게 엎드리기를 가르치는 것은 앉기보다 어려울 수 있지만, 엎드리는 자세는 대부분의 반려견들에게 유지하기 쉬운 자세다. 반려견은 엎드린 자세에서 더 편안해지고, 경기 중에 엎드리기 자세를 유지하는 경우도 많다. 또한 반려견이 더 오랜 시간 동안 특정 자세를 유지해야 할 때(예를 들어, 식사 중에), 앉는 것보다 엎드리기를 명령하는 것이 보다 편안하다고 할 수 있다.

장애가 있는 반려견

장애가 있는 반려견은 CGC 테스트에서 예외가 되는 유일한 반려견이다. 휠체어를 사용하는 반려견은 뒷다리를 사용할 수 없기 때문에 카트를 사용하는 반려견들은 앉거나 눕지 못할 수도 있다. 이 반려견들이 테스트에 참가하는 것을 환영하며, 그들이 참여할 수 있도록 숙소가 마련되어 있다.

엎드리기 교육을 위한 단계

엎드리기 교육 명령에는 몇 가지 방법이 있다. 주요 고려 사항은 반려견에게 외상이 되지 않는 방법을 선택하는 것인데, 이는 반려견을 밀거나 제 위치로 당기지 말고 힘을 사용하는 것을 절대 피해야 한다는 것을 의미한다. 힘을 사용하는 것은 반려견과의 관계를 증진시키는 데 아무런 도움이 되지 않을 것이고, 반려견의 엉덩이를 세게 밀면 신체적 손상을 일으킬 수 있다.

CGC 훈련 수업에서 다른 반려견들과 보호자들은 함께 연습하는데, 이것은 반려견들이 방해물에 익숙해지도록 도와준다.

1. 다른 기술을 가르칠 때와 마찬가지로 훈련 세션에 전념할 수 있는 20분 정도의 시간을 확보하라. 이 훈련은 실내에서 진행할 수 있으며, 이 경우 반려견을 목줄을 맬 필요가 없다(예: 반려견이 도망갈 가능성이 없는 경우). 그러나 만약 공공장소에서 야외 훈련을 진행하고 있다면, 반려견에게 목줄을 매어라.
2. 반려견이 좋아하는 음식 몇 조각이나 간식을 챙겨라.
3. 좋은 태도를 유지하라. 반려견에게 엎드리기는 오비디언스의 자세가 될 수 있다. 처음 훈련을 시작할 때, 의지가 강한 반려견은 눕고 싶어 하지 않을 수도 있고 저항할 수도 있다. 일관성 있고 확고한 자세를 유지하는 것과 교육 세션을 재미있어 보이게 하는 것 사이에서 균형을 유지해야 한다. 반려견이 원하는 강화제(보상)가 있다는 것을 확인시켜라.
4. 반려견을 왼쪽에 위치시키는 것부터 시작한다. 시작할 때 반려견에게 간식을 맛보게 함으로써 반려견은 훈련 동안 무엇을 보상받을 수 있는지 알 수 있다. 그러고 나서, 반려견의 코 앞에 간식을 가져다 놓아라. 코 근처 약 2.5~5센티미터 떨어진 상태에서 실시해야 한다.
5. "엎드려"라고 명령하면서 간식을 반려견의 앞발 바로 앞에 있는 바닥에 일직선으로 내려라. 손바닥을 아래로 향하게 하고 손을 주먹 쥐어라. 간식을 바닥으로 옮기는 속도는 반려견의 속도에 맞춰 조절해야 한다. 빠르고 활기찬 반려견(예: 블랙 래브라도 리트리버)과 함께 훈련할 때는 손을 약간 더 빨리 움직일 수 있을지도 모른다. 느리게 움직이는 반려견(예: 바셋 하운드)과 함께 훈련할 때는 더 천천히 움직이는 것이 도움이 될 수 있다.

   작은 크기의 반려견이라면, 반려견을 테이블 위에 올려놓고 간식을 주기 쉽게 만드는 것이 좋다. 테이블을 사용할 때 테이블 표면이 미끄럼 방지 기능이 있는지 확인하라. 만약 체력이 좋다면,

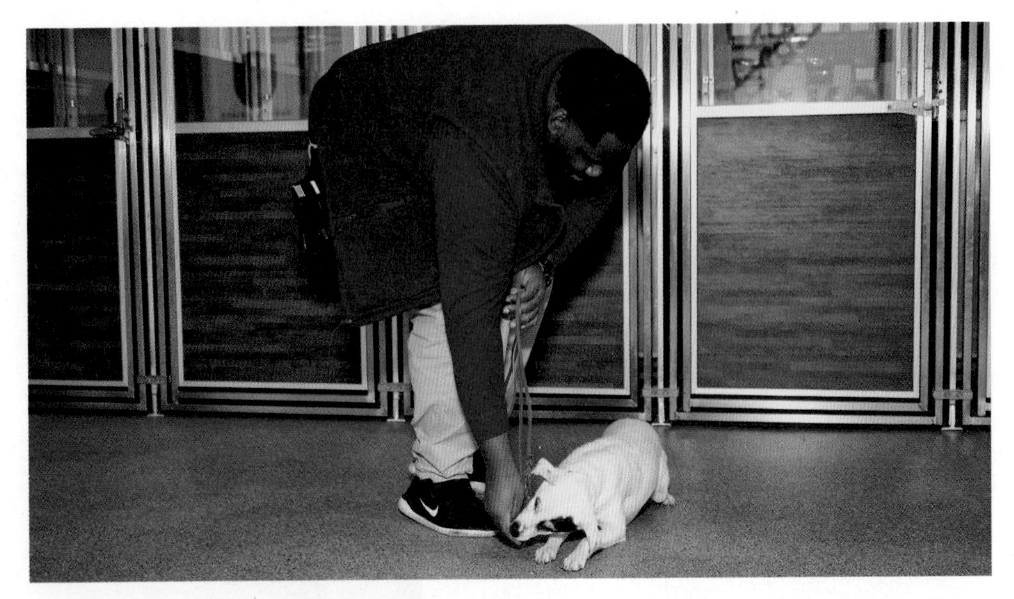

간식을 가지고 훈련할 것이라면, 시작 전, 반려견에게 간식을 맛보게 할 수 있다. 이는 반려견이 어떤 것을 얻을 수 있는지 알게 되고 그것을 얻기 위한 동기부여가 될 수 있다.

작은 반려견을 훈련하기 위해 무릎을 꿇을 수도 있다. 큰 반려견을 훈련할 때는 간식을 움직이기 위해 바닥에 손을 대고 몸을 약간 구부려야 할 수 있다. 등을 둥글게, 앞으로 구부리는 것보다 무릎을 사용하여 구부리는 것을 기억하라. 그렇지 않으면 허리에 문제가 생길 수도 있다.

6. "엎드려"라고 명령하고 간식을 내릴 때, 대부분의 반려견은 간식을 따라가려고 자세를 낮추기 시작할 것이다. 그러나 만약 반려견이 바닥에 닿을 정도로 자세를 낮추지 않는다면, 간식을 반려견으로부터 멀리 떨어뜨려라. 이는 반려견이 엎드리도록 유도한다.
7. 타이밍이 중요하다. 반려견이 올바른 위치에 엎드리자마자 반려견을 칭찬함과 동시에 간식을 보상하라. 반려견이 엎드리는 즉시 칭찬하고 간식을 줘야 한다는 것을 기억하라.
8. 훈련을 성공적으로 끝내라. 반려견을 일어나게 하라. 다시 반려견을 앉히고 앞의 단계를 여러 번 반복하라. 몇 번의 성공적인 훈련 후, 교육 세션을 끝내고 함께 즐거운 놀이 시간을 보내라.
9. 간식을 단계적으로 없애라. 반려견이 엎드리기 명령에 더 능숙해질수록 모든 과정의 일련이 빨리 진행될 것이다. 간식을 없애고 빈 손으로 반려견에게 엎드리도록 신호를 보낼 수 있을 것이다. 손 신호는 CGC 테스트에서 허용된다. 결국, 반려견은 간식이나 손 신호 없이 언어적 신호에 반응할 수 있을 것이다.
10. 당신의 위치를 바꿔라. 반려견이 엎드리기 명령을 배울 때, 반려견의 옆, 앞, 그리고 멀리서 움직이는 것과 같은 다양한 위치에서의 신호를 주는 것을 연습하라.

어떤 반려견들은 엎드린 자세를 통해 완전히 긴장을 풀 수 있다.

언어를 현명하게 선택하라

명령을 가르치는 마지막 설명이다. 반려견에게 엎드리는 것을 가르칠 때, "엎드려" 또는 "자세 낮춰"와 같은 언어적 신호를 사용하는 것이 가장 일반적이다. 이러한 방식은 반려견이 해당 단어와 엎드리는 행동을 연결하도록 한다. 그러나 만약 반려견이 사람에게 뛰어오르는 습관이 있다면, "자세 낮춰" 대신 다른 단어를 선택하여 반려견에게 뛰어오르지 않아야 할 곳을 알려주는 것이 좋다. 반려견이 뛰어오를 때 "안돼"와 같은 단어를 사용하고, "자세 낮춰"와 같은 단어는 반려견이 엎드려야 할 때만 사용하도록 제한하는 것이 혼란을 방지하는 데 도움이 될 것이다.

제자리에서 기다리기 교육

앉은 자세와 엎드린 자세를 결합시킴으로써, 반려견이 제자리에 머무를 수 있도록 하는 것은 보호자와 반려견이 평화로운 삶을 함께 누릴 수 있는 강력한 수단이다. 보호자는 반려견과 함께 훈련하고 놀고 시간을 보내야 하지만, 가끔은 반려견들도 엎드려서 그 자리에서 기다려야 하는 순간이 있다.

DID YOU KNOW?

극도로 두려워하는 수줍은 반려견들과, 특히 학대를 받았을지도 모르는 보호소 출신 반려견이나 구조견들은 사람들을 신뢰하는 법을 배우지 못했기 때문에 엎드리는 것을 거부할 수도 있으며, 따라서 취약한 자세를 취하고 싶어 하지 않을 것이다. 전체 훈련 과정에서 이러한 반려견들은 많은 자신감을 형성하고 풍부한 강화 훈련이 필요할 것이다.

기다리기 명령은 반려견을 안전하게 보호하고 문제로부터 보호하기 위해 중요하다. 반려견이 길을 건너기 전에 대기해야 하거나, 병원에서 검사를 받아야 할 때, 어린아이가 주변에 있을 때, 택배를 받거나 우체국 직원과 대화할 때 반려견에게 기다리기 명령을 사용할 수 있다. 이 명령은 반려견에게 훨씬 더 많은 자유를 부여한다. 왜냐하면 이 기술을 완벽하게 습득했을 때 반려견을 더 다양한 장소로 데려갈 수 있게 되기 때문이다.

CGC 테스트에서 손 신호가 허용되지만, 이상적인 목표는 반려견에게 손 신호를 동반하지 않고 언어적 신호에 반응하도록 가르치는 것이다.

반려견에게 앉거나 서거나 엎드려 있도록 가르칠 수 있다. CGC 테스트의 경우, 앉거나 엎드리기를 선택한 후 반려견을 두고 6미터 밖으로 걸어 나온 다음 즉시 돌아간다. CGC를 넘어 AKC 오비디언스 훈련을 진행하면 반려견은 초급(Novice) 단계에서 1분간 앉은 채로 기다리기와 3분간 엎드린 채로 기다리기를 해야 한다. 처음부터 이 두 가지 기술을 모두 가르치는 것이 좋다. 또한, 반려견에게 일어선 채로 기다리기를 가르칠 수도 있다. 이 기술은 반려견을 그루밍하거나 수의사를 방문해야 할 때와 같이 다양한 실용적인 상황에 유용하다.

앉은 채로 기다리기

1. 먼저, 간식 보상을 준비하라. 공원이나 다른 울타리 없는 곳에서 야외 훈련 중이라면, 반려견을 목줄에 묶어 두어라. 그렇지 않으면 반려견이 훈련 중에 무단 이탈할 수 있다.
2. 반려견을 왼쪽 옆에 앉히는 것부터 시작하라. 왼손을 내밀어 손을 반려견의 코에서 약 15~30센티미터 떨어진 곳에 두고 "기다려"라고 말한다. 반려견이 손 신호를 볼 수 있도록 하라. 이미 앉아 있어서 기다리는 것은 쉬운 단계다. "잘 기다렸어!"와 같은 칭찬으로 기다리기 훈련을 강화하라.

참고: 어떤 강사들은 기다리기 신호를 위해 왼손을 사용하는 방법을 가르친다. 다른 강사들은 오른손을 선호할 수 있다. 여기에 설명된 방법에서는 오른손으로 몸을 가로질러 손을 뻗지 않아도 되도록 왼손을 사용하는 것이 좋다. 또한, 반려견이 목줄을 매고 있다면 오른손에 목줄을 잡고 있을 가능성이 높기 때문에 왼손으로 손 신호를 하는 것이 더 편리할 것이다.

3. 반려견이 옆에 계속 앉아 있는 상태에서 "기다려"를 의미하는 손 신호를 보내라. 이번에는 당신이 반려견의 바로 앞에 서도록 제자리에서 돌 것이다. 제자리에서 돌기 위해서, 당신은 오른발을 들어 발의 앞이 반려견 앞에 오도록 한 다음, 왼발을 오른발 옆으로 가져간다. 그리고 나서 "잘 기다렸어!"라고 말한다.
4. 반려견의 옆으로 이동하려면 위 단계를 거꾸로 하라. 왼발을 반려견 옆의 위치로 다시 옮긴 다음, 오른발을 왼발 옆에 가져다 놓아라. 반려견을 칭찬하고 그 반려견이 기다린 것에 대한 보상을 하라.
5. 다음으로, 반려견이 기다리는 동안 반려견으로부터 점점 더 거리를 늘리는 일을 시작할 것이다. "기다려"라고 말하고 몸을 돌려 다시 반려견 앞에 서라. 그런 다음 반려견으로부터 약 45센티미터 떨어져 있도록 한 걸음 뒤로 물러서라. 약 5초 동안 이 자세를 유지하라. 기다린 반려견에게 칭찬을 해주고 간식을 주어라.
6. 이 과정을 계속하라. 조금씩 (두 걸음, 네 걸음) 더 뒤로 물러서라. 그리고 기다림을 끝낼 때마다 반려견에게 돌아가라. 훈련 중인 이 시점에서, 반려견에게 기다리라고 지시한 후에 당신에게 오라고 부르지 마라. 이는 혼란스럽고 기다린 후에 항상 자신을 부를 것이라고 예측하는 반려견이 될 것이다. 당신에게 다가가기 위해 기다리기 자세를 유지하지 못하는 반려견을 갖게 될 것이다.
7. 만약 목줄을 사용한다면, 당신은 결국 1.8미터 길이의 목줄보다 뒤로 물러설 것이다. 만약 야외에서 훈련하고 있다면, 반려견이 달아나지 않도록 긴 줄을 사용할 수 있다.

일단 반려견이 안정적인 기다림을 습득하면, 기다리는 자세는 반려견을 안전하게 지킬 수 있을 것이다.

엎드린 채로 기다리기

엎드린 채로 기다리기는 앉은 채로 기다리기와 매우 비슷하다. 기다리기 신호를 보내기 위해 당신은 중형견 및 대형견을 위해서 몸을 구부려야 할 것이고, 소형견을 위해서는 몸을 더더욱 구부려야 할 것이다. 엎드린 채로 기다리기 훈련은 앉은 채로 기다리기 훈련의 자세(앉기에서 엎드리기로)만 바꾸어 단계를 반복한다. 반려견이 엎드리는 자세를 취하면, 보호자는 멀어지기 전에 기다리기 신호를 준다.

제자리에서 기다리기 교육 중 거리를 늘려라

반려견이 명령을 따르지 못하는 이유 중 하나는 보호자가 지나치게 열정적일 때다. 3, 4.5, 6미터의 거리는 일반적으로 사람에게는 그렇게 먼 거리로 느껴지지 않으므로, 초보 훈련사는 초보 반려견과 함께 처음 훈련을 시작할 때부터 6미터 떨어진 곳으로 가는 경향이 있다. 이는 너무 많은 단계를 건너뛴 것이다.

반려견이 성공하도록 모든 새로운 기술을 가르치려면 아주 작은 단계부터 시작해야 한다는 것을 기억하라. 기다리기를 가르칠 때, 반려견과의 거리, 반려견이 앉아 기다리는 시간, 엎드려 기다리는 시간을 아주 천천히 늘려가야 한다.

CGC 테스트 항목 6에서는 '제자리에서 기다리기'를 가르칠 때, 반려견을 앉은 채로 두고 6미터 멀어진 후에 바로 반려견에게 돌아가야 한다.

6미터 줄

CGC 테스트가 실외에서 진행될 때, 평가자는 반려견의 칼라에 6미터의 줄을 부착하도록 요청한다. 이를 실제 테스트 전에 연습하는 것이 좋다. 6미터 줄을 사용할 때 주의해야 할 중요한 사항은 다음과 같다. 첫째, 반려견을 안으로 넣거나 바깥으로 내보내지 않아야 한다. 둘째, 줄을 강하게 당기거나 끌지 말아야 한다. 6미터 줄을 다룰 때 신경을 써야 한다. 그렇지 않으면 훈련을 막 시작한 반려견의 앉은 자세를 흐트릴 수 있어 CGC 테스트에서 실패할 수 있다. 적절한 감독이 있는 상황에서, 평가자는 핸들러가 줄을 다루는 대신 줄을 바닥에 놓아둘 것을 결정할 수 있다.

6미터 길이의 줄을 사용하는 것은 보호자와 반려견 사이에서 줄이 땅에 느슨하게 늘어지도록 하는 것을 의미한다.

CGC 테스트의 기다리기 활동은, 특히 더 오래 기다리는 반려견일수록, 고급 활동을 위한 기반을 구축한다.

고급 활동

일단 반려견이 앉고, 엎드리고, 제자리에서 기다리는 법을 알게 되면, 반려견이 기다릴 때 바위처럼 견고해지도록 연습할 수 있다. 반려견이 지나가는 가족, 공원에서의 아이들, 공놀이를 하는 사람(특히 반려견이 공에 미친 경우), 그리고 음식을 먹는 사람들과 같은 방해꾼들 앞에서 기다려야 할 상황을 설정한다.

만약 반려견이 기다림을 어기고, 즉 당신이 반려견에게 자세를 풀도록 허용하기 전에(예: '좋았어, 가자!'와 같은 말) 일어나면 감정적으로 반응하지 마라. 조용히 반려견에게 가서 그가 기다리기로 했던 곳으로 데려가라. 반려견을 기다리게 하고 가버려라. 반려견이 기다렸을 때 칭찬해라.

만약 CGC 이상의 훈련 클래스를 계속한다면, 여러 기회에서 기다리기를 연습하게 될 것이다. 다음은 수업 중에 수행되는 몇 가지 기다리기 활동이다.

- 반려견을 목줄에 찬 채로 핸들러들은 큰 원을 이룬다. 강사의 지시에 따라, 핸들러들은 자신의 반려견들에게 기다리라고 말한 다음, 반려견들을 남겨두고 링 주위를 끝까지 돈다. 핸들러들이 반려견들에게 돌아왔을 때, 제자리에서 기다린 반려견들을 칭찬한다.
- 핸들러들은 반려견들에게 목줄을 매고, 반려견과 핸들러 각각의 팀 사이에 약 1.5미터 간격을 두고 긴 줄을 만든다. 반려견을 목줄에 연결한 핸들러가 마치 바느질을 하는 것처럼 반려견과 함께 줄의 한쪽 끝에서 시작하여 다른 팀과 사이를 왔다 갔다 하면서 훈련을 진행한다.

오비디언스의 기초

목줄을 잡고 걷는 것, 불렀을 때 돌아오는 것과 같이 '앉기, 엎드리기, 제자리에서 기다리기' 활동은 CGC 테스트에서 훈련되는 중요한 행동이다. 이러한 기술들은 훈련의 기초를 형성하며, 더 고급 기술을 배우기 위한 필수적인 기반이 된다. 이러한 기본적인 기술들은 간단해 보일 수 있지만, 알파벳을 배우거나 숫자를 세는 것과 같은 중요한 기초 작업이다. "앉기, 엎드리기, 제자리에서 기다리기"는 랠리, 오비디언스, 어질리티 및 치유견 활동과 같은 다른 반려견과 관련된 활동 및 일상 생활에서 유용하게 활용될 수 있는 기본 기술이 될 것이다.

이 연습의 고급 버전은 줄에 묶인 반려견들을 엎드리게 하고, 반려견을 두고 자리에서 빠지는 것이다. 그런 다음 핸들러/반려견 팀이 반려견들의 사이를 왔다 갔다 한다. 경험 많은 훈련사는 이 훈련을 시도할 준비가 된 수강생들에게만 허용한다.

- 훈련사는 초급 오비디언스 훈련과 유사한 '기다리기' 훈련을 진행할 수 있다. 한 번의 연습에서는 반려견이 심사위원의 간단한 검사를 위해 일어서서 기다리라고 지시할 것이다. 보호자는 반려견을 일어서게 하고 한 걸음 물러난다. 심사위원은 반려견의 머리, 몸, 그리고 다리를 가볍게 만질 것이다. 또 다른 더 고급 '기다리기' 활동은 반려견이 1분 동안 앉아 있어야 한다는 것이다. 반려견에게 "앉아"라고 지시한 후, 강사는 보호자에게 돌아오라고 말할 때까지 링 반대편에 서 있어야 한다. 반려견이 앉은 상태에서 기다린 후에는 엎드려서 기다리기를 수행할 수 있다.

CGC 테스트 항목 7

호출 시 오기

이 테스트는 핸들러가 반려견을 부를 때 오는 것을 보여주는 것이다. 테스트 항목 6과 마찬가지로, 핸들러는 6미터 길이의 줄에서 3미터 더 뒤로 물러나 반려견과 마주 본 후, 반려견을 부른다. 핸들러는 반려견을 부를 때 바디 랭귀지와 격려를 사용할 수 있다.

핸들러는 "멈춰" 또는 "기다려"와 같은 구두 명령을 내릴 수도 있고, 그냥 떠날 수도 있다. 핸들러는 반려견에게 앉은 자세, 엎드린 자세, 서 있는 자세를 요구할 수 있다. 만약 반려견이 핸들러를 따라가려고 하면, 평가자는 핸들러가 3미터 뒤로 물러설 때까지 반려견의 관심을 분산시킬 수 있다. 반려견이 핸들러에게 다가와 목줄을 부착하면 테스트가 완료된다. 이 활동은 반려견이 호출에 응답하는 능력을 테스트하는 것으로, 제자리에서 기다림을 테스트하는 것과는 다르다.

- 핸들러를 따라가려고 하는 반려견이 테스트에서 실패해서는 안 된다. 이런 경우, 평가자는 반려견의 주의를 분산해야 한다. 이 테스트는 핸들러가 반려견을 부를 때 시작된다.
- 핸들러는 몸을 약간 숙여 반려견을 부르고, 자신의 다리를 두드리고 격려하는 소리를 낼 수 있다.
- 핸들러는 두 번 이상 (두 번에서 세 번 사이) 반려견을 부를 수 있지만, 지나치게 여러 번 반복해서 부르는 것은 반려견을 통과시키기 어렵게 만든다.
- 핸들러가 긴 줄을 당겨 반려견을 호출하는 경우에는 반려견을 통과시켜서는 안 된다. 반려견은 스스로 다가와야 한다. 핸들러가 반려견을 당기는 것을 평가자가 보게 되면 활동을 중지하고 핸들러에게 지시를 내리고 다시 시작할 수 있다.

CGC 테스트 항목 7번에서 반려견은 긴 줄 위에 있어야 하며 3미터 거리에서 보호자에 의해 호출된다.

CGC 테스트에 '호출 시 오기' 추가

CGC 테스트의 7번 항목은 아마도 보호자가 반려견에게 가르칠 수 있는 가장 중요한 기술 중 하나다. 이 활동은 반려견의 생명을 구하거나 잠재적으로 위험한 상황에서 반려견을 안전하게 제어하는 데 사용될 수 있다. 호출에 응답하는 것은 또한 반려견과 함께 살 때 매일 여러 번 필요한 실용적인 기술이다. 반려견은 산책을 위해 목줄을 차거나, 밥 시간에 부엌으로 오라는 명령을 듣거나, 공원에서 보호자에게 가라는 명령을 듣기 위해 호출된다. '호출 시 오기'는 다양한 활동에 참여하기 위한 필수 조건이며, 안정적으로 복귀명령에 응답하는 반려견은 더 많은 자유를 누릴 수 있다. 호출에 응답해야 하는 반려견의 상황은 다양하며 끝이 없다.

1989년에 CGC 테스트가 도입되었을 때, 이 테스트의 초기 버전에는 '호출 시 오기' 항목이 포함되지 않았다. 이 테스트를 개발한 사람들은 반려견이 CGC 테스트를 치르기로 결정했을 때 분명히 보호자의 호출 명령에 응답할 것이라고 믿었으며, 따라서 이 항목은 테스트에 실질적으로 필요하지 않다고 판단했다. 이는 인터넷이 보편화되기 전의 시대로, 의견을 표현하려면 상대방의 연락처를 찾고 편지를 쓰며, 주소와 우표를 붙여서 우체국에 보내야 했던 시대였다. 그러나 이러한 어려움과 시간 투자에도 불구하고, CGC 테스트의 최초 몇 년 동안 수백 명의 사람들은 '호출 시 오기'야말로 반려견이 꼭 배워야 할 가장 중요한 행동이며, 이 행동 없이는 테스트가 완료되지 않는다고 말했다.

이러한 이유로 1994년에 '호출 시 오기' 테스트 항목이 CGC 테스트에 추가되었다. '칭찬과 상호작용' 항목을 대체한 이유는 AKC가 몇 년 동안 실험을 관찰한 결과, 보호자들이 여러 테스트에서 한 가지 항목에서만 반려견을 칭찬하는 것은 타당하지 않다고 판단했기 때문이다. 모든 시험 항목에 대해 칭찬이 이뤄져야 하며, 시험 도중에 보호자들이 반려견을 칭찬하도록 장려된다.

'호출 시 오기'가 중요한 이유

강아지와 훈련을 아주 어린 시기부터 시작하는 경우, 종종 유대감이 발생하고 이로 인해 강아지는 보호자를 따라다니며 어디서든, 언제든지 부를 때 오게 된다. 그러나 대부분의 반려견에게는 호출 시 오기(또는 복귀)를 가르치는 데 약간의 노력이 필요하다. 매일 반려견과 연습하고 좋은 훈련사의 지도를 받더라도 들판이나 공원과 같은 넓은 지역에서 호출할 때 반려견을 데려오는 데는 최대 1년이 걸릴 수 있다. 그러나 이 훈련이 특정 수준까지 숙달되면, 반려견의 일생 동안 지속되는 상당한 성과를 가져다준다.

호출 시 오기를 가르치는 방법

다른 많은 CGC 기술과 함께, 호출 시 오기는 쉐이핑을 사용하여 가르쳐야 한다. 이 기술을 형성하는 과정에서, 반려견을 아주 짧은 거리에서 보호자에게 오도록 가르치는 것으로 시작한다. 시간이 지남에 따라 거리를 점점 늘려나간다. 훈련의 초기 단계에서는 반려견이 몇 미터 거리에서 시작할 수 있다. CGC 테스트의 경우, 반려견은 3미터 떨어진 곳에서 호출할 때 오게끔 훈련되어야 한다. 지속적인 훈련을 통해, 반려견이 궁극적으로 들판을 가로질러 "이리 와" 명령에 반응할 수 있기를 기대한다.

반려견이 부를 때 오도록 가르치는 훈련 과정에는 또 다른 방법으로 산만한 환경을 만드는 것이다. 초기 훈련 세션은 거의 방해물 없는 조용한 환경에서 이루어질 것이다. 훈련이 진행됨에 따라, 반려견을 부를 때 주위에 움직이는 사람들, 공을 물고 놀거나, 들판에서 연습할 때 날아가는 새, 그리고 다른 반려견들의 활동과 같은 방해물을 추가해야 한다.

방법 1: 호출 시 무릎을 꿇는 방법

반려견을 가르치는 한 가지 방법은 무릎을 꿇고, 팔을 벌리거나 박수를 치고, 매우 행복하고 열정적인 목소리를 내고, 반려견을 불러서 자신을 매우 흥미롭게 보이게 하는 것이다. 반려견이 도착하면, 반려견을 칭찬하고 간식을 주어라. 이 방법은 훈련 초기의 강아지들에게 특히 적합하다.

CGC 테스트에서, 보호자들은 손뼉을 치고, 몸을 구부리는 등 다양한 방법으로 반려견들이 호출했을 때 오도록 격려하는 것이 허용된다.

실내나 다른 안전한 장소에서만 목줄 없이 훈련하라.

방법 2: 산책할 때 호출 시 오는 법 훈련

당신은 반려견이 느슨한 목줄을 매고 산책하도록 노력해왔고, 바라건대, 당신은 반려견과 함께 멋진 산책을 하고 있다. 이제 '호출 시 오기' 연습을 추가할 차례이다. 반려견의 목줄을 잡고 걸어라.

1. 반려견을 왼쪽에 위치하고 함께 걷는다. 반려견이 예상하지 못할 타이밍에, "이리 와!"라고 말하면서 재빨리 뒤로 물러서기 시작하라. 반려견이 오면 칭찬하고 간식을 주어라.
2. 훈련을 게임처럼 보이게 하고 빨리 기억을 되살리기 위해서는 반려견과 함께 목줄을 매고 걷는다. 반려견이 예상하지 못했을 때, "이리 와!"라고 말하면서 재빨리 몇 걸음 뒤로 물러나라. 반려견이 오면 칭찬하고 간식을 주어라.

방법 3: 앉은 채로 기다리고 있을 때 호출 시 오는 법 훈련

1. 반려견을 왼쪽에 위치하고 앉은 채로 기다리도록 하라. 반려견은 목줄을 차고 있어야 한다.
2. 반려견에게 기다리라고 말하라.
3. 제자리에서 기다리기를 가르칠 때처럼 반려견을 마주 보도록 몸을 돌려라.
4. 한 걸음 뒤로 물러서라. 반려견을 불러서 "이리 와"라고 말하라. 만약 반려견이 움직이지 않는다면, 목줄을 조금 잡아당겨 당신에게 오도록 하라. 반려견이 오면, 칭찬하고 간식을 주어라. 반려견이 이 행동을 열망하지 않는 것처럼 보인다면, 몇 걸음 뒤로 더 뛰어가 더 열정적으로 반려견을 불러라.

무릎을 꿇음으로써, 반려견이 당신에게 오도록 격려해야 한다.

만약 오비디언스 경기에 출전하기로 결정했다면, 복귀명령 기술을 연마해야 한다. 위 사진에 나와 있는 것처럼, 반려견을 똑바로 세우고 “앞에 앉아”라고 명령한다.

자주, 더 빨리 움직일 때, 반려견은 당신에게 다가가기 위해 반응하고 빠르게 움직이기 시작할 것이다.

5. 반려견과 함께 작은 원을 그리며 걷다가 다시 앉은 채로 기다리도록 한다.
6. 이번에는 반려견을 약 1.8미터 정도 떨어뜨린 후에 반려견을 불러보아라. 반려견이 당신에게 오면 그를 칭찬해 주어라.
7. 예측할 수 없도록 모든 훈련을 합쳐라. 반려견을 제자리에서 기다리도록 하고, 어느 정도 거리를 벌려 반려견에게 오라고 부른다면, 반려견은 항상 기다리라는 말을 들은 후에 당신에게 갈 것이라는 것을 알게 될 것이다. 오비디언스 대회에서, 반려견들은 종종 핸들러에게 가기 위해 기다리기를 어겨 실격된다. 그들은 이 훈련 실수의 희생자들이다. 이런 문제를 예방하기 위해서는 반려견에게 호출 시 오기 훈련을 할 때, 가끔씩 반려견에게 기다리라고 말한 후, 오라는 명령 없이 반려견에게 돌아가라. 반려견이 기다리기를 완수했다면, 이에 대한 보상을 하라.
8. 간식을 단계적으로 없애라. 기억하라, 만약 간식을 보상으로 사용하기로 선택했을 때, 이는 새로운 기술을 가르치기 위한 좋은 초기 강화제이지만, 궁극적인 목표는 반려견이 호출 시 오도록 하는 것이다. 호출 시 오는 것을 배우게 되면, 간식 보상을 간헐적으로 줄이기 시작하라(반려견에게 칭찬은 계속해 주지만 간식은 가끔만 주는 것을 의미하며, 이를 가변적 강화 일정(variable schedule of reinforcement)이라고 한다).
9. 위 단계에 새로운 행동을 추가하라. 반려견은 이미 앉는 법을 배웠다. 반려견이 호출 시 오기를 수행했을 때, 반려견에게 간식 보상을 해주기 전에 반려견을 당신 앞에 앉도록 하라. 이는 체이닝(chaining)이라는 행동 과정의 한 예시다. 체이닝은 계획된 순서에 여러 동작을 연결하는 훈련 방법이다. 만약 공식적인 오비디언스 경기에 참가하려면, 반려견은 호출 후에 당신 앞으로 와 앉은 후, 그런 다음 당신의 왼쪽으로 돌아가 앉은 자세로 되돌아감으로써 오비디언스를 마무리 지어야 할 것이다.

방법 4: 긴 줄로 호출 시 오기

이 방법은 방법 3의 변형인데, 주요 차이점은 6미터와 같이 더 먼 거리에서 호출했을 때 반려견이 오도록 가르치기 위해 긴 줄이나 접이식 목줄을 사용한다는 것이다. 접이식 목줄은 손잡이 안에서 줄을 늘리거나 말리게 할 수 있도록 하는 메커니즘을 가지고 있다. 핸들러는 버튼을 눌러 목줄을 잠글 수 있어 더 이상 줄을 풀 수 없거나 이미 풀린 줄의 길이가 자동으로 수축되지 않도록 할 수 있다.

1. 사용할 장비를 선택하라. 긴 줄은 비싸지 않고 접이식 목줄보다 사용하기 쉬울 수 있다. 단점은 줄이 엉킬 수 있다는 것이다. 접이식 목줄은 쉽게 엉키지 않지만, 목줄을 다루는 데 서툴면 반려견의 앉기 자세를 흐트러뜨릴 수 있다.
2. 반려견을 왼쪽에 위치시킨 후, 반려견에게 기다리라고 말한 후 줄의 끝까지 걸어가 몇 초 기다린 다음 반려견을 호출하라.

긴 줄로 이 훈련을 연습하는 것은 CGC 테스트에서 당신이 무엇을 할 것인지를 반영한다.

줄 끝에 도달한 후에 즉시 반려견을 부르지 않는 것이 절대적으로 중요하다. 반려견은 당신이 6미터 거리를 벌린 순간 당신이 부를 것으로 예상하고, 아직 호출하지 않았어도 당신에게 다가올 것이다. 훈련하는 동안 반려견을 부르기 전에 기다리는 시간을 다양하게 설정하라. 때로는 줄 끝까지 걸어가서 반려견을 호출하지 않은 채로 반려견에게 돌아오는 것도 효과적이다. 호출에 따라 반려견이 기다려야 하는 시간을 변화시키는 것은 반려견이 당신에게 주의를 기울이도록 가르치는 데 도움이 된다.

3. 긴 줄을 사용한 훈련도 짧은 줄을 사용한 것과 유사한 방식으로 쉐이핑을 진행할 것이다. 먼저 1.5미터 거리로 시작하고, 그다음에는 3미터, 그리고 6미터까지 거리를 점차적으로 늘려보아라. 만약 반려견이 천천히 다가온다면, 열정적인 목소리로 반려견을 부르며 뒤로 뛰어가며 손뼉을 칠 수 있다.
4. 반려견이 앉은 채로 기다리기를 수행하고 있을 때 다가오지 않는다면, 목줄을 살짝 잡아당겨라.
5. 만약 반려견이 부르는 대로 왔다면, 칭찬을 잊지 말고 간식을 주는 것도 좋다.
6. 간식 보상을 단계적으로 줄여가고, 간헐적으로 주도록 하라. 당신의 존재가 보상이 되도록 노력해보아라.
7. 손 신호를 사용하고 있다면, "이리 와"와 같은 언어적 신호를 손 신호와 짝짓는 방식으로 시작할 수 있다. 나중에 고급 오비디언스 훈련을 진행하면, 언어적 신호 대신 손 신호만 사용하도록 전환할 것이다.

목줄을 차지 않은 반려견이 오지 않을 때

공원이나 등산에 가서 목줄을 차지 않은 반려견이 들판을 가로질러 뛰어가고, 그를 뒤따라가며 좌절스럽게 돌아오라고 소리를 지르는 보호자를 본 적이 있는가? 무엇이 잘못됐을까? 들판을 가로질러 질주하는, 총알보다 더 빠르게 움직이는 반려견이 "선택적 청각 차단"을 하여 보호자의 부탁을 무시하기로 선택한 이유에는 여러 가지가 있다.

호출 시 반려견이 오지 않는 것과 관련하여 발생할 수 있는 가장 일반적인 문제는 다음과 같다.

- 반려견이 넓고 개방적인 야외 환경에서 목줄 없이 적절히 행동하지 못할 때에는 복귀 훈련을 보다 체계적으로 다시 시작해야 한다. 기초 훈련을 다시 복습하고 단계적으로 진행하면 도움이 된다.
- 이 과정에서 경쟁적인 유형의 강화제(자극)가 발생할 수 있다. 보통은 호출 시 잘 돌아오는 반려견을 키우고 있을 것이다. 그러나 새들이 많이 있는 들판에서 활발한 반려견을 산책시키거나, 숲에서 토끼를 사냥하는 사이트하운드를 놓아줄 때는 반려견의 주의를 끄기가 어려울 수 있다. 반려견의 행동을 이해하는 것이 중요하다. 언제 목줄을 풀어도 안전한지, 그리고 언제 반드시 목줄을 채워야 하는지를 파악하는 것이 중요하다. 모든 상황에서 반려견을 잘 아는 것은 중요하다.
- 때로는 당신이 강화제로서 자리를 잡지 못했기에 반려견이 당신에게 오지 않을 수 있다. 당신이 실망할 수도 있겠지만, 이는 반려견은 당신이 재미없다고 생각할지도 모른다는 의미다.
- 집에서 반려견을 호출할 때, 발톱을 깎거나 이를 닦는 등 반려견이 즐기지 않는 활동을 하는 것뿐이라면, 반려견이 호출에 대응하기를 꺼릴 수 있다.

- 호출에 대한 긍정적인 경험을 만들어주지 않은 것일 수 있다. 예를 들어, 공원에서 반려견과 놀고 있는데, 갑자기 반려견을 호출한다. 반려견이 당신에게 돌아와도, 아무런 보상 없이 목줄을 매고 공원을 나가면, 다음번에 호출 시 반려견이 당신에게 오는 것을 기대하기 어렵다.
- 반려견의 요구나 욕구를 이해하지 못한 경우도 있을 수 있다. 때로는 반려견의 기본적인 욕구를 충족시키는 데 도움을 주지 않아서 반려견이 호출에 대응하지 않을 수 있다.

호출 시 반려견이 오지 않으면 어떻게 해야 할까?

호출 시 오지 않는 반려견은 어떻게 해야 할까? 반려견에게 먹이를 주고, 산책하고, 함께 놀고, 뒤처리를 하고, 좋은 보호자가 반려견을 위해 해야 할 모든 것을 했음에도 불구하고 반려견이 당신을 완전히 무시한다면, 당황하거나, 좌절하거나, 화가 날 가능성이 크다. 당신이 어떻게 느끼든, 감정적으로 행동하지 않는 것은 중요하다. 절대로 반려견에게 벌을 주지 마라. 이것은 반려견과 당신의 관계를 파괴할 것이고 반려견이 호출을 받았을 때 결코 잘 대응하지 않을 것이다.

만약 반려견이 목줄을 차지 않은 채로 활동하는 것을 허용했지만 반려견이 당신에게 오지 않을 공원이나 공터에 있다면, 그를 뒤쫓지 마라. 쫓는 행위는 동물들(반려견 포함)이 당신으로부터 도망치게 한다. 대신에, 반려견이 당신으로부터 멀어지는 비상 상황에서, 당신이 있는 곳에서 충분히 재미있게 놀고 있는 것처럼 보여라. 반려견이 멀어질 때 고음의 흥미로운 소리를 내라. 그가 무슨 일이 일어나고 있는지 보러 올 가능성이 높고, 그러면 돌아온 반려견을 칭찬하고 당신에게 온 것에 대해 보상할 수 있다. 일단 반려견을 되찾고 안전하다는 것을 알게 되면, 반려견에게 목줄을 매고 호출했을 때 오는 훈련을 할 수 있다. 만약 반려견에게 너무 많은 유혹이 있는 상황에 있다면, 남은 시간 동안 반려견을 목줄에 매야 할 수도 있다. 당신은 집, 울타리가 쳐진 마당, 또는 훈련반과 같이 안전하고 통제된 장소에서 목줄을 차지 않은 채로 훈련할 수 있다.

6미터 길이의 줄은 테스트 항목 '호출 시 오기'를 수행할 때 사용된다.

CGC 테스트 항목 8

다른 반려견에 대한 반응

이 테스트는 반려견이 다른 반려견들 주변에서 예의를 갖추고 행동할 수 있다는 것을 보여준다. 두 명의 핸들러와 그들의 반려견은 약 4.5미터의 거리에서 서로에게 접근하고, 멈춰 서서 농담을 나누는 행위 등을 한다.

- 반려견은 산만함을 주는 반려견에게 단지 가벼운 관심 그 이상을 보이면 안 된다. 다른 반려견에게 가거나 뛰어오르려고 시도하는 경우 테스트를 통과할 수 없다.
- 반려견은 다른 반려견과 핸들러 쪽으로 약간 이동한 후 멈출 수 있어야 한다. 반려견은 다른 반려견과 핸들러로부터 충분히 멀리 떨어져 있어야 한다.
- 또한, 반려견은 다른 반려견에게 다가가지 않은 채로 목을 펴고 냄새를 맡을 수 있다.
- 핸들러들이 인사를 나누기 위해 다가가 멈추면, 반려견은 반드시 앉을 필요는 없으며, 핸들러 옆에 서 있을 수 있다. 반려견이 계속 서 있을 때, 다른 반려견에게 가기 위해 핸들러 앞을 가로질러 나가서는 안 된다.
- 핸들러들 간의 대화는 간단하게 진행되며, "안녕하세요, 오랜만입니다. 언제든지 연락주세요."와 같은 인사를 한다.
- 핸들러가 떠날 때, 반려견이 돌아서서 다른 반려견과 핸들러를 따라가려는 듯이 줄을 당기기 시작하면 테스트를 통과할 수 없다.
- 또한, 다른 반려견이 혼란을 일으킨다면, 더 적절한 산만함을 가진 다른 반려견으로 테스트를 다시 진행할 수 있다. 이 산만한 반려견은 테스트 이전에 관찰 또는 평가되어 신뢰할 수 있는지 확인되어야 한다.

CGC 테스트 항목 8번인 '다른 반려견에 대한 반응'은 지역사회에서의 산책, 치유견 활동, 반려견 공원 방문, 그리고 다른 반려견이 있는 모든 장소에서 필요한 기술이다. 이 테스트는 반려견이 다른 반려견을 정중하게 지나갈 수 있는 기술을 평가한다. 휴가 동안 반려견을 전문 견사에 맡기는 경우뿐만 아니라 훈련 수업, 도그쇼, 그리고 다른 보호자 및 반려견과의 만남과 같은 조직적인 반려견 행사에 참여하는 모든 반려견들이 다른 반려견들과 원만한 상호작용을 할 수 있어야 한다. 그러나 때때로 반려견들은 다른 반려견들에게 호의적이지 않을 수도 있는데, 이 문제를 해결하는 것은 반려견의 보호자가 해야 할 일이다.

CGC 훈련은 다른 반려견들에게 적절하게 반응하는 결과를 가져온다.

돌진

목줄을 매고 걷는 동안 반려견이 다른 반려견에게 돌진할 때, 그 반려견의 행동은 종종 반려견 간의 공격성 신호로 해석된다. 그러나 이것은 항상 사실이 아니다. 인간과 동물, 모두의 행동을 분석하는 행동 분석가들은 행동 전문가로, 행동을 연구하며 각 행동의 의미를 이해하기 위해 노력한다.

예를 들어, 아기의 울음을 생각해 보자. 모든 아기가 같은 이유로 울고 있다고 가정하고 모든 우는 아기에게 동일한 대처를 하는 것은 부적절하다. 아기들은 여러 가지 다른 이유로 울며, 울음의 원인은 배고픔, 피곤함, 기저귀 교체 필요, 춥거나 더움, 목마름 등 여러 가지로 다를 수 있다. 아기가 추워서 울고 있다면 공갈 젖꼭지가 아니라 담요가 필요하다. 아기가 축축해진 느낌이 들어 울고 있다면 공갈 젖꼭지가 아니라 깨끗한 기저귀가 필요하다. 따라서 각각의 문제는 다른 해결책이 필요하다.

반려견들도 마찬가지로 다양한 이유로 특정 행동을 한다. 행동에 다양한 기능이 있음을 알면, 반려견 보호자들은 문제를 더 효과적으로 해결할 수 있을 것이다.

CGC 테스트 항목 8번에서는 두 명의 핸들러가 4.5미터 거리에서 접근하여 농담을 나누는 등 소통을 한다. 그들의 반려견들은 서로에게 가벼운 관심을 보일 수 있지만 공격적인 모습을 보이면 안 된다.

목줄을 찬 상태로 돌진의 일반적인 원인

- 반려견 간의 공격성. 일부 반려견은 정말로 다른 반려견에 대한 공격성을 가지고 있지만, 이것이 평소 돌진의 원인은 아니다. 만약 반려견이 반려견 공원에서나 마당에서 다른 반려견과 잘 놀며, 목줄을 매고 걸을 때 돌진하는 경우, 이 행동의 원인은 대부분 반려견 간의 공격성이 아닌 아래에 나열된 다른 원인 중 하나다.
- 두려움. 다른 반려견들을 무서워하는 반려견들은 때때로 목줄을 찼을 때 뛰어다니고 짖는다. 이는 종종 시끄러운 짖음으로 무질서한 행동을 하는 작은 반려견들에게 해당한다. 이러한 반려견들은 목줄을 찬 채로 짖고 뒹굴면서 이렇게 말하는 것과 같다. "나는 네가 무서워! 내가 소리를 크게 지르고 너에게 달려들면 너는 겁을 먹고 나를 해치려 하지 않겠지?"
- 보호자 보호. 어떤 반려견들은 보호하고자 하며, 다른 반려견들이나 다가오는 사람들을 보호자 근처에서 제한하기 위해 노력한다. 이러한 반려견들은 짖으며 다가오려는 반려견과 보호자 사이에 끼어들기를 시도할 것이다. 이러한 행동은 주로 반려견이 1인 가정에서 살 때 자주 나타난다. 이러한 상황에서 반려견은 무심코 보호 행동을 강화할 수 있다.
- 놀고 싶은 마음. 짖고 끈을 잡아당기는 일부 반려견들은 무섭게 보일지 모르지만, 그들은 단순히 흥분해서 짖고 있는 것이다. 이 반려견들은 필사적으로 놀고 싶어 하는 반려견들이다. 특히 대형견이 울림이 큰 짖는 소리를 동반할 때, "놀자! 놀자! 나 잡아봐라~"라고 하는 것과 같은 원래의 의미를 공

격성으로 잘못 해석하기도 한다. 한 번 들뜬 상태가 되어 흥분해버리면, 이러한 반려견들은 훈련을 받지 않았거나 지시에 반응하지 않는 경우 관리하기 어려울 수 있다. 비록 이들 반려견은 보호자들에 의해 적절하게 사회화되었을 수 있지만, 기본적인 행동 기술에 대한 훈련을 받지 않았을 가능성이 있다. 이 문제를 관리하기 위한 몇 가지 방법 중에는 반려견에게 목줄을 차고 멋지게 걷는 법을 가르치는 것(이것은 CGC 테스트 항목 4번에 해당)과 "산책 가자" 또는 "가자"와 같은 언어적 신호를 사용하는 것이 있다.

- 사회화 부족. 인간, 침팬지, 반려견을 포함한 많은 종들에게, 어릴 때 사회화의 중요한 시기가 있다. 만약 반려견들이 그 시간 동안 새로운 경험, 다양한 사람들, 그리고 다른 반려견들과의 노출을 받지 않는다면, 다른 반려견들에게 적절하게 반응하는 것이 어려울 수 있다. 사회화되지 않은 반려견들은 다른 반려견들 주변에서 어떻게 행동해야 할지 모르기 때문에 목줄을 잡아당기거나, 짖거나, 또는 뒹굴기와 같은 행동을 할 수 있다. 이러한 반려견들은 다른 반려견들과 충분한 상호작용이 없었으며, 자신의 종 내에서 상호작용해야 하는 방법에 대한 지식이 부족할 수 있기 때문에 기본적인 매너와 사회화 기술이 부족할 수 있다.

돌진을 막기 위한 중성화

가끔 중성화는 반려견이 목줄을 매고 있을 때 다른 반려견들에게 공격적으로 달려드는 것을 방지하기 위한 해결책으로 제안된다. 중성화는 이점이 있지만, 중성화가 행동 문제에 대한 마법의 치료법이 아니라는 것을 이해하는 것이 중요하다. 어떤 사람들은 행동 문제가 테스토스테론과 관련이 있고 단순히 반려견을 중성화시키는 것이 즉각적인 해결책이 될 것이라고 믿는다. 그러나 반려견이 오랜 기간 동안 강화된 행동 문제를 가지고 있다면, 중성화만으로는 문제를 해결하지 못할 수 있다.

CGC 자격증 취득은 보호자들이 자랑스러워해야 할 업적이다.

훈련이 해결책이며, 반려견의 행동의 심각성에 따라 반려견의 행동 문제에 대해 잘 아는 강사의 도움이 필요할 수도 있다. 보호자와 반려견이 CGC 테스트를 볼 수 있도록 준비하기 위해 만들어진 수업은 반려견이 다른 반려견에게 적절하게 반응하도록 가르쳐서 애초에 문제가 발생하지 않도록 하기에 좋은 곳이다.

CGC 테스트 항목 8번을 가르치는 활동

1. 느슨한 목줄을 사용하여 걷는다. 먼저, 다른 반려견이 없는 상태에서 반려견에게 목줄을 맨 채로 걷기(CGC 테스트 항목 4번)를 성공적으로 가르쳤는지 확인하라.
2. 다른 반려견 뒤를 따라 걷는다. 반려견을 목줄에 맨 채로, 다른 핸들러와 반려견 뒤로 약 6미터의 거리를 유지한 채 걸어라. 반려견이 이 활동을 수행할 수 있는지 확인하라. 그 후 거리를 3미터로 좁혀라. 다른 반려견을 따라 걷는 것은 사회화 부족으로 인해 다른 반려견을 겁내는 반려견에게 도움이 될 수 있다. 그러나 반려견이 다른 반려견을 향해 당신을 끌어당기려 할 때는 조심해야 한다. 만약 반려견이 당신을 다른 반려견 쪽으로 끌어당기려고 하면, 이 활동은 적절하지 않을 수 있다. 반려견이 당신을 끌고 다니지 않도록 하기 위해 몸을 돌려 반대 방향으로 가는 훈련 기술을 기억하라.
3. 평행 보행을 연습하라. 반려견에게 목줄을 매고 다른 반려견과 평행하게 걷도록 하라. 처음에는 다른 반려견과 6미터 떨어져 있고, 그다음에는 3미터, 그다음에는 1.5미터 떨어져 있어야 한다. 평행 보행 시, 당신과 다른 사람, 그리고 반려견은 같은 방향으로 걷고 있으며 정해진 거리를 유지하며 목줄을 사용한다. 반려견이 이를 수행할 수 있는지 확인하라. 다른 반려견과의 평행 보행은 CGC 테스트에서 다른 반려견을 향해 걷는 것보다 덜 갈등적인 활동이다. 그러나 만약 반려견이 짖거나 뛰기 시작하면, 반려견이 더 편안해질 때까지 두 반려견 사이의 거리를 늘려보아라. 점차적으로 반려견들이 서로 가까이 걷도록 하라.
4. 다른 반려견을 향해 걷는 연습을 진행하라. 이제 반려견이 다가오는 다른 반려견을 향해 걸어갈 때다. 두 반려견 모두 목줄을 차고 있어야 한다. 처음에는 약 6미터의 간격을 유지하며 시작해야 한다. 당신과 다른 핸들러는 아무 말도 하지 않고 서로 옆을 지나간다. 반려견이 이를 수행할 수 있는지 확인하라. 만약 가능하다면, 당신과 다른 핸들러가 악수하는 척을 할 수 있을 만큼 충분히 가까워지도록 점진적으로 간격을 좁힌다. 이에 대한 성공적인 훈련이 가능할 때, 반려견은 CGC 테스트의 '다른 반려견에 대한 반응' 항목을 통과할 수 있을 것이다.

반려견의 관점에서, 다른 반려견 뒤에서 걷는 것은 다른 반려견에 접근하는 것보다 훨씬 안전하며 짖거나 공격적인 행동과 같은 바람직하지 않은 반응을 유발할 가능성이 적다.

다른 반려견에게 정면으로 접근하는 것보다 평행하게 걷는 것이 반려견에게 덜 위협적이다.

멀리서 시작해서 점차 가까워지는 방식으로 다른 반려견에 대한 반려견의 적절한 반응을 형성하라.

반려견이 돌진했을 때는 어떻게 해야 할까?

만약 반려견이 짖거나 돌진하거나 다른 문제 행동을 보인다면, 쉐이핑(shaping)을 기억하라. 아이 걸음마와 같이 천천히, 점진적으로 훈련 레벨을 늘려가는 방식으로 진행해보아라. 만약 반려견이 1.5미터 거리에서 다른 반려견 옆을 걷지 못한다면, 3미터 거리로 돌아가서 점진적으로 거리를 줄여보아라. 성공적인 훈련을 위해 칭찬과 강화(음식 보상 포함)를 많이 사용하는 것을 기억하라. 대부분의 반려견은 체계적인 훈련과 충분한 강화제를 통해 붐비는 인도나 훈련 수업에서 다른 반려견과 마주할 때 문제를 일으키지 않을 것이다.

사회성이 없는 반려견의 경우, 반려견들 사이에 충분한 공간을 확보하기 위해 목줄을 맨 다른 반려견과 도우미와 함께 밖에서 훈련을 하는 것이 필요할 수 있다. 반려견이 자리를 잡을 때까지 15미터 이상의 거리에서 다른 반려견을 따라가도록 해보아라.

다른 반려견이 목줄을 차고 접근할 때 돌진하거나 짖는 반려견을 위해 도움이 될 수 있는 두 가지 다른 기술이 있다.

1. 반려견이 공격적인 반응을 보이지 않을 때만 다른 반려견 쪽으로 이동하라. 다른 반려견에게 접근했을 때 반려견이 돌진하려고 하면, 돌아서서 다른 반려견의 반대 방향으로 걸어가라. 반려견이 진정되면, 다시 다가가도록 해보아라. 이 작업은 여러 번 반복해야 할 수 있으므로 인내심 있는 친구 중 한 명을 선택하여 도움을 받는 것이 좋다. 이 작업은 어느 정도 시간이 소요될 수 있으므로 처음에는 이를 고정된 훈련 세션으로 설정하기 위해 시간을 할애해야 할 것이다.
2. "앉은 채로 관찰하기" 기술을 활용하라. 현재까지 반려견을 훈련하는 방법을 배웠을 것이다. 다른 반려견이 접근할 때, 반려견을 약간 떨어진 위치로 옮기고 앉도록 명령하라. 반려견이 앉으면 칭찬과 보상을 통해 이를 강화할 수 있다. 다른 반려견이 지나감과 동시에 당신과 반려견 또한 길을 걷기 시작할 수 있지만, 반려견이 다른 반려견을 쫓아가려고 시도하지 않도록 주의하라. 반려견이 다른 반려견이 지나가는 것을 조용히 앉아서 관찰할 수 있을 때, 단계를 높일 수 있다. 서서 관찰하는 단계로 진행해보아라. 점진적으로 거리를 줄여가며 반려견과 함께 "앉은 채로 관찰하기"를 시작하라.

안전한 거리

안전을 위해, 반려견들은 CGC 테스트 항목 8번을 훈련하는 동안 핸들러의 바깥쪽(핸들러의 왼쪽)에 위치한다. 반려견들은 서로 접촉하지 않는다. 반려견들의 거리를 충분히 좁혔을 때, 핸들러는 악수를 가장하고 (CGC 테스트에 명시된 대로) 간단한 인사말을 주고 받는다. 각 핸들러는 자신의 반려견의 목줄을 충분히 짧게 잡아 반려견이 핸들러를 가로질러 다른 반려견에게 갈 수 없도록 해야 한다.

성체 반려견 사회화하기

만약 반려견이 '다른 반려견에 대한 반응' 훈련에서 어려움을 겪고 있다면, 낙담하지 마라. 만약 강아지 시절에 다른 반려견들과의 사회화를 놓친 반려견이라면, 그가 반려견 친구들을 얻는 데 도움을 주기 위해 체계적인 계획을 세울 수 있다. 이전에 언급한 제안 사항과 함께 몇 가지 사회화 기술을 시도해보아라.

- 천천히 시작하라. 만약 반려견이 다른 반려견 주위에서 긴장한다면, 반려견 공원은 훈련의 첫 단계로는 적합하지 않을 수 있다. 특히 20마리의 다른 반려견들과 그들의 대장이 최고 속도로 뛰어다니고 있는 환경에서는 더욱 그렇다.
- 체계적으로 하라. 일정한 시간에 한 마리의 예의 바른 반려견과 한 명의 친구를 만날 계획을 세우는 것으로 시작하라. 반려견을 선택할 때 안전한, 적절한 예의를 갖춘 반려견을 골라라. 만약 반려견이 난폭하거나 다른 반려견을 다치게 할 염려가 있다면, 경험이 풍부한 반려견 훈련 전문가를 동반하라. 반려견은 당신의 긴장을 감지할 수 있으며, 자신감 있고 숙련된 관찰자의 존재는 당신의 긴장을 풀어주는 데 도움이 될 것이다.
- 반려견을 다양한 종류의 반려견과 소통시켜보아라. 만약 순종 파피용이 이제까지 자신과 같은 견종의 반려견만을 만났다면, 다른 종류의 반려견을 처음 보았을 때 놀랄 것이다. 훈련 수업은 작은 반려견부터 큰 반려견, 조용한 반려견, 활발한 반려견, 긴 털과 짧은 털을 가진 반려견까지 다양한 종류의 반려견들과 소통할 수 있는 훌륭한 기회를 제공한다.

사회성이 과한 반려견

돌진은 '다른 반려견에 대한 반응' 훈련에서만 문제가 아니다. 가끔 반려견들은 다른 반려견에게 가려고 할 때 보호자를 무시하고 지나가려고 한다. 그들은 인사를 나누고, 냄새를 맡고, 반려견이 누구인지 알아내기를 원한다. CGC 테스트를 통과하기 위해서는 반려견이 이러한 상황에서도 제어할 수 있도록 충분한 훈련을 받아야 할 것이다.

기본적으로 반려견이든 인간이든 상대와 어울리며 상대방의 개인적인 공간을 존중하는 것은 경험과 노출과 관련이 있다. 경험과 노출이 부족하다면, AKC 도그쇼에 참가해보아라. 링에 입성하기 전, 거리를 가깝게 서서 기다리고 있는 다양한 종류의 반려견을 볼 수 있을 것이다. 여기서 다양한 종류와 크기의 반려견들이 목줄에 묶여 시끄럽고 붐비는 환경을 경험할 수 있다. 도그쇼에 참가하는 반려견의 핸들러와 보호자들은 보통 자신의 반려견을 다른 반려견, 사람들, 그리고 시끄러운 소음에 노출시키고 사회화를 성공적으로 진행한 경험이 있다. 도그쇼는 그 자체로 끊임없는 훈련 기회를 제공한다.

왜 하필 '악수하는 척'하는 것인가?

미국켄넬클럽에서는 가끔 "나는 길거리에서 만나는 사람들과 악수를 하지 않아요. CGC 테스트에서는 왜 악수를 해야 하나요?"와 같은 질문을 받는다. CGC 테스트가 개발될 당시, 오랜 기간 동안 실제 현장 테스트가 있었다. 관찰자들은 핸들러에게 1미터 미만의 거리에서 다른 핸들러를 지나가도록 지시하였는데, 이때 어떤 핸들러는 약 1미터 거리에 있었고, 다른 핸들러는 2미터 떨어져 지나간다. 이런 악수 과정은 시험을 표준화하는 데 도움이 되도록 도입되었다. 만약 핸들러가 '다른 반려견에 대한 반응' 활동에서 악수를 하기 위해 걷는 것을 멈출 때, 핸들러들은 대략 비슷한 거리에 위치하게 된다. 그러나 2020년 코로나19 대유행으로 인해 악수 과정은 '악수하는 척'으로 수정되었다.

핸들러와 반려견은 거리를 좁혀 핸들러들끼리 악수하는 척을 한다.

일반화

일반화(Generalization)는 처음에 학습한 상황이 아닌 다른 상황에서 나타나는 행동을 나타내는 용어다. 예를 들어, 현관에 방문객이 오면 반려견에게 앉도록 가르치고, 나중에 공원에서 누군가를 만났을 때 반려견이 앉도록 가르친다면, 우리는 "인사를 위한 앉기" 행동이 여러 다른 환경에서도 나타나는 것으로 간주한다(하지만 대부분의 반려견은 이 행동이 훈련 없이 자동으로 일어나기 어렵다). 만약 당신이 집에 왔을 때 반려견에게 달려가서 그가 가장 좋아하는 장난감을 가져오라고 가르쳤고, 반려견이 방문객에게 장난감을 가져다주기 시작할 때 그러한 행동이 일반화되었다고 말할 수 있다.

반려견이 다른 반려견에 대해 부적절하게 반응하는 행동 문제가 있다면, 많은 사람들은 훈련 수업에 반려견을 데려가도록 권장할 것이다.

'앉은 채로 관찰하기' 훈련을 하는 것은 반응도가 높은 반려견이 다른 반려견들이 지나가는 것을 용인하는 법을 배우는 데 도움이 될 것이다.

이는 반려견이 다른 반려견들과 어울릴 수 있는 기회를 갖게 될 것이고, 곧 CGC 테스트 항목 8번, '다른 반려견에 대한 반응'을 순조롭게 훈련할 수 있을 것이다.

일반적으로, 반려견이 행동 문제를 겪을 때 훈련 수업을 시작하는 것은 훌륭한 조언이다. 유능한 강사와 함께하는 수업에서, 당신은 반려견과의 더 나은 의사소통 방법을 배우게 될 것이다. 반려견은 다른 반려견을 포함한 다양한 새로운 자극에 노출될 것이며, 이는 앉기, 엎드리기, 제자리에서 기다리기와 같은 행동을 관리하는 데 도움이 되는 새로운 기술도 포함한다.

그러나 주의해야 할 점이 있다. 만약 수업에서 반려견에게 '힐 포지션'과 같은 기술을 가르치면, 반려견이 다른 반려견과 적절하게 상호작용하는 법을 배우지 못할 수 있다. 매주 한 시간씩 동일한 원을 그리며 걸어다닌다면, 반려견은 다른 반려견을 만나는 상황에서 개선되지 않을 수도 있다. 그 결과, 당신은 다른 사람들과 함께 "오비디언스 훈련을 시도했지만 소용없다"라고 실망하는 사람들의 행렬에 합류하게 될 수도 있다.

행동적으로, 반려견이 명령에 따라 앉는 것을 배우고 다른 반려견에 대한 적절한 반응을 갑자기 아는 것과 같이 매우 다른 행동 사이에서 일반화가 발생할 가능성은 매우 낮다. 안정된 앉은 자세로 기다리는 행동의 훈련은 다른 반려견이 접근했을 때 반려견이 문제를 일으키지 않도록 할 수 있지만, '다른 반려견에 대한 반응'을 위한 별도의 훈련도 필요하다.

마음의 평안

CGC 테스트 항목 8번, '다른 반려견에 대한 반응'은 반려견들이 다른 반려견 주변에서 예의를 갖추고 행동하는 것을 확인하는 테스트 항목이다. 이 항목은 반려견이 다른 사람과 다른 반려견 앞에서 침착하게 행동할 것을 예상할 수 있다는 점에서 마음의 평안을 주는 기술이다.

만약 훈련 수업에서 반려견의 문제를 다루지 않는다면, 강사에게 반려견의 특정 문제를 언급하고 수업에 관련된 활동을 추가할 것을 요청하는 것도 가능하다. 그러나 이것이 어렵다면, 수업이 시작하기 전에 다른 수강생들과 그들의 반려견과 함께 연습할 수 있는지 물어보는 것도 좋은 방법이다.

반려견 공원

반려견 공원은 반려견이 다른 반려견들과 어울릴 수 있는 좋은 기회를 제공할 수 있는 장소이지만, 반려견을 반려견 공원에 데려가기로 결정한다면 주의해야 할 몇 가지 사항이 있다. 그중 가장 우려되는 점 중 하나는, 안타깝게도, 일부 보호자가 반려견 공원을 자신을 위한 휴식 시간으로 이용하는 경우다. 그들은 무슨 일이 일어나고 있는지 모르고 앉아서 다른 반려견 보호자들과 웃으며 이야기를 나누거나 책을 읽기도 한다. 반려견 공원에서 자신의 반려견을 감독하면서 다른 반려견 보호자들과 친해지는 것은 괜찮지만, 자신의 반려견을 소홀히 하지 말아야 한다.

반려견의 안전을 보장하기 위해, 반려견 공원에서는 항상 반려견을 주의 깊게 살펴야 한다. 만약 반려견이 다른 반려견들과 지나치게 시끄러운 것을 관찰하면, 반려견의 보호자에게 그의 반려견을 통제할 수 있는지 물어보는 것이 좋다. 또한, 반려견이 자신보다 큰 다른 반려견에게 겁을 먹어 벤치 아래에서 숨어 있다면, 그러한 상황에서 좋은 교훈을 얻기 어려울 수 있으므로 주의해야 한다.

반려견 옷 입히기

수백억 원의 가치를 가지고 있는 반려견 산업은 사람들이 반려견을 진정으로 사랑한다는 하나의 신호일 뿐이다. 또 다른 신호로는 화려한 드레스, 부츠, 신발, 모자, 코트, 액세서리 및 디자이너 의류와 같은 반려견을 위한 제품의 급격한 증가가 있다. 춥고, 비 오는 날씨의 지역에서는 코트와 부츠가 반려견을 따뜻하고 건조하게 유지하는 기능적인 목적을 제공할 수 있다. 때로는 보호자들은 반려견이 다양한 옷을 입는 것을 즐긴다. 이 옷들은 단순한 일상복부터 진주와 다이아몬드로 장식된 값비싼 정장까지 다양하다.

사진 찍기, 특별한 이벤트(예: 반려견 할로윈) 및 가끔 보호자의 애정을 표현하기 위해 반려견에게 짧은 시간 동안 옷을 입히는 것은 아무런 해를 끼치지 않는다. 그러나 여기에 반려견 옷에 대해 기억해야 할 몇 가지가 있다.

- 반려견들은 이미 털에 덮여 있다. 반려견이 밖에서 뛰어 놀 때 세일러복이나 주름진 드레스를 입고 논다면 그들은 쉽게 더위를 먹을 것이다.
- 반려견들은 냄새를 맡고, 탐험하고, 자신들의 세계를 이해하기 위해 돌아다닐 필요가 있다. 반려견을 위한 어떤 옷들은 물체에 끼임으로써 움직임을 제한하거나 안전상의 위험을 초래할 수 있다.
- 반려견은 반려견이며 아기나 패션 액세서리가 아니다. 당신이 반려견에게 옷을 입힌다는 의미가 반려견이 들판을 달리고, 울타리 밖에서 새를 쫓고, 반려견이 태어난 목적대로 사는 것을 하지 못하도록 방해하는 신호가 아니기를 바란다.
- 반려견은 바디 랭귀지를 통해 서로 의사소통을 한다. 이는 CGC 테스트 항목 8번인 '다른 반려견에 대한 반응'과 매우 관련이 있다. 옷과 의상은 반려견이 의사소통하기 위해 다른 반려견에게 보내는 미묘한 신호를 가릴 수 있다. 혹한의 날씨에 필요한 외투를 제외하고, 반려견이 반려견 공원에 있거나 다른 반려견과 교류를 할 땐 디자인 의상을 입히지 않는 것이 좋다.

CGC 수업에 참여하면 반려견이 다른 반려견들의 주변에서 편안하게 지낼 수 있도록 하는 사회화의 부가적인 이점을 얻을 수 있다.

CGC 테스트 항목 9

친근함을 보이며 다가오는 낯선 사람 수용하기

이 테스트는 방해물에 직면하는 동안에도 반려견이 항상 자신감을 가지고 있음을 입증한다. 평가자는 다음 중에서 두 개의 방해요소를 선택한다(일부 반려견은 소리에 민감하고 또 다른 반려견은 시각에 민감하기 때문에 하나의 소리와 하나의 시각적 방해요소를 선택하는 것이 좋다).

- 목발, 휠체어 또는 보행기(1.5미터 떨어진 곳에서)를 사용하는 사람
- 문이 갑자기 열리거나 닫히는 상황
- 반려견으로부터 1.5미터 넘는 거리에서 팬, 접힌 의자 또는 기타 물체를 떨어뜨리는 행위
- 반려견 앞에서 조깅하는 사람
- 카트 또는 나무 짐수레를 1.5미터 넘는 거리에서 미는 사람
- 3미터 밖에서 자전거를 타고 있는 사람

총소리, 반려견에게 가까운 거리에서 갑자기 우산 펴기, 반려견이 금속 격자 위를 걷게 하는 것 등의 방해물은 기질 검사에서 볼 수 있는 항목들이다. AKC의 자체 기질 검사 프로그램인 AKC 기질 테스트(ATT)는 특정 자극에 대한 반려견의 반응을 테스트하지만 총성에 대한 반응은 포함하지 않고 있다. CGC 테스트와 기질 테스트를 혼동해서는 안 된다. CGC 강사는 훈련 수업에 다양한 방해물(예: 스쿠버 장비를 착용한 사람)을 포함할 수 있지만, CGC 테스트는 지역사회에서 흔히 발생하는 방해물을 활용해야 한다.

- 반려견은 가벼운 관심을 보일 수 있고 약간 놀란 것처럼 보일 수 있다. 반려견은 뛰어오를 수 있지만, 그렇다고 당황해서 목줄을 당겨서 도망치도록 해서는 안 된다.
- 반려견은 방해물이 무엇인지 알아보기 위해 앞으로 걸어가려고 시도할 수 있다.
- 과도한 두려움에 소변을 보는(또는 배변을 보는) 반려견들은 테스트에 통과할 수 없다.
- 방해물과 직면했을 때 으르렁거리거나 달려드는 반려견들은 테스트에 통과할 수 없다.
- 한 번의 짖음은 허용된다. 방해물을 향해 계속 짖어대는 반려견들은 테스트에 통과할 수 없다.

반려견을 산책시키는 것은 다양한 방해물에 노출시킬 수 있다.

- 핸들러들은 시험 내내 그들의 반려견과 이야기하고 격려와 칭찬을 해줄 수 있다. 핸들러들은 반려견들에게 "앉아, 착하지, 날 봐" 등등의 지시를 내릴 수 있다.
- 몇몇 국가 치유견 그룹들은 평가의 전제 조건으로 CGC를 사용한다. 이 그룹들은 사용할 방해요소들을 지정하기도 한다. 치유견 그룹을 위해 테스트를 시행하는 평가자들은 이러한 정보를 가지게 될 것이다.
- 방해요소는 단순히 배경 소음인 것은 아니다(반려견 짖는 소리, 자동차 소리 등). 방해 자극은 각 반려견들에게 일관성이 있게 주어져야 한다.

세상은 예측할 수 없는 광경, 소리, 그리고 움직이는 물체들로 가득하다. CGC 테스트 항목 9인 방해물에 대한 반응은 산만한 상황에서 반려견이 대응하는 능력을 평가하는 테스트 항목이다.

방해물이란 무엇인가?

방해는 일반적으로 환경적인 자극(시각적, 청각적, 사회적, 물리적 등)으로 인해 주의를 분산시키는 현상을 의미한다. 대부분의 사람들은 일에서 주의를 딴 데로 돌리는 것, 예를 들어 "보고서가 늦어서 죄송합니다만, 창밖에 코끼리가 있어서 집중할 수 없었습니다."와 같은 상황을 떠올릴 것이다.

방해물은 때로는 즐거운 활동이나 자극으로도 작용할 수 있다. 인간에게는 이것이 스트레스를 풀기 위해 영화를 보러 가는 것과 같은 즐거운 활동일 수 있다. 비슷하게, 반려견이 훈련 중에 다람쥐를 쫓아가는 것을 더 흥미로운 경험이라고 생각할 때, 그것은 훈련보다 더욱 매력적일 것이다.

방해물은 또한 감정적으로 혼란스러운 상황이나 불확실성과 관련된 자극(환경적 상황)으로도 설명할 수 있다. 이러한 자극은 주의를 산만하게 만들고 작업에 집중하기 어렵게 만들 수 있다. 예를 들어, 회계사가 예산을 작성하는 도중 직원이 창밖에서 잭 해머를 사용하는 것을 보면 작업이 어려워질 수 있다. 또한, 일상적으로 걷는 경로에서 갑자기 풍선이 바람에 흔들리는 것을 발견한 작은 반려견도 산만함을 느낄 수 있다.

CGC 훈련은 방해요소가 존재하는 상황에서도 반려견이 당신에게 집중할 수 있도록 도움을 줄 수 있다.

새로운 방해요소에 대한 확신은 없을지라도, 이 작은 반려견은 단호하게 발을 디디고 길을 모르더라도 더 나아가기로 결정할 것이다. 이러한 방해물에 적절한 대응 방법을 가르치는 것은 반려견에게 제공할 수 있는 가장 유익한 기술 중 하나다.

CGC 테스트에서 손 신호가 허용되지만, 이상적인 목표는 반려견에게 손 신호를 동반하지 않고 말로 하는 신호에 반응하도록 가르치는 것이다.

반려견을 방해물에 노출시키기

강아지가 9주에서 12주가 되었을 때, 비록 탐색 단계가 이것보다 몇 주 전에 시작되지만, 강아지들은 주변의 새로운 공간과 물체를 탐험하는 것에 매우 진지해진다. 이 나이에 밖으로 데리고 나가면, 한 무리의 강아지들이 흩어질 것이고, 모든 강아지들은 그 누구보다 바쁘게 중요한 탐험을 할 것이다. 탐험 중인 어린 강아지를 안아 올리면, "날 내려줘! 나는 지금 바쁘단 말이야."라고 하는 듯이 강아지는 발버둥을 칠 것이다. 키 큰 풀밭에 뛰어들고, 오동통한 몸을 이끌고 현관 계단 위로 올라가려고 애쓰고, 낯선 사람에게도 여전히 즐겁게 달려가는 것이 전형적인 강아지의 행동들이다.

만약 강아지가 이러한 목가적인 존재에서 강아지를 새로운 환경에 계속 노출시키는 것이 중요하다는 것(기본적으로 CGC 테스트 항목 9, 방해물에 대한 반응과 같다)을 이해하는 보호자의 집에 들어가게 된다면, 강아지는 자신감 있는 반려견으로 성장할 수 있을 것이다. 하지만 불행하게도, 반려견들은 때때로 삶에서 이러한 완벽한 경험을 하지 못할 수도 있고, 왜 그런지는 모르겠으나 방해물에 대해 두려움과 부적절한 반응을 점점 더 보이게 된다. 이런 상황에서, 체계적인 절차를 통해 모든 연령대의 반려견들이 방해물에 대해 적절히 대응하는 방법을 배울 수 있다는 것은 좋은 소식이다.

방해물과 관련된 다음 목록은 반려견이 집과 지역사회에서 마주칠 많은 자극들 중 일부를 보여준다. 이 목록은 (1) 평가(반려견이 이 항목들에 대해 적절한 반응을 보이는가?)와 (2) 반려견과 함께하는 수업과 훈련 세션에서 사용될 수 있는 운동 목록으로 사용될 수 있다. 카테고리 간에는 중복이 있을 수 있는데, 예를 들어, 자극은 소음과 움직임의 방해로 둘 다 나열될 수 있다. "장소"라는 카테고리는 반려견을 데리고 갈 수 있는 다양한 장소가 될 수도 있고, 이 범주에서의 방해물(예: 소음 및 시각적 방해요소)에 대해서도 별도로 보여준다. 강아지를 밖으로 데리고 나오기 전에 모든 필요한 예방주사를 접종하고 강아지가 새로운 장소로의 여행을 해도 좋을지에 대해 수의사의 승낙을 먼저 받는 것이 중요하다.

방해물의 종류

방해물로서의 사람들

- 직계가족: 반려견을 처음 집에 데려올 때, 반려견은 당신과 가족을 만날 것이다. 반려견은 특정 가족 구성원(예를 들면, 목이 터져라 우는 신생아, 걸걸한 목소리의 할아버지, 그리고 에너지가 넘치는 10살 아들 등) 등과는 특별하고 점진적인 소개 과정이 필요할 수 있다.
- 가지각색의 사람들: 사람들은 모두 다르다. 반려견을 아기, 어린이, 남성, 여성, 청소년, 노인, 날카로운 목소리를 가진 사람, 큰 목소리를 가진 사람들에게 노출시켜라. 옷이 문제를 일으킬 수 있다는 점도 유의하라. 일례로 미국켄넬클럽에서는 비가 올 때 많은 반려견들이 실격되는데 이는 반려견들이 우비와 모자를 쓰고 있는 평가자가 자신들을 만지는 것을 원치 않았기 때문이다. 도시에서는 스케이트보드를 탄 십 대들, 쇼핑백을 들고 다니는 사람들, 그리고 조깅하는 사람들이 반려견들에게 방해요소로서의 역할을 제공한다.

방해물로서의 장소들

- 집에서의 방해물: 반려견이 집에 오면, 집은 많은 방해물(즉, 새로운 자극)을 제공하는 장소가 될 것이다. 굴러다니는 공, 삐걱거리는 장난감, 새 침대, 크레이트, 문이 열리고 닫히는 소리, 그리고 부엌에서 나는 소음은 모두 반려견에게는 방해가 될 수 있다. 이전에 반려견이 집 밖에서 살았다면, 카펫이나 타일로 덮인 바닥, 계단 등에 처음 노출되면 긴장할 수 있다. 반려견이 이전에 사육장에서 살았다면, 콘크리트와 자갈 바닥은 익숙하지만 풀이나 흙은 익숙하지 않을 수 있다. 사람들은 일반적으로 먼지를 방해물로 생각하지 않지만, 여기서 중요한 개념은 다양한 종류의 자극에 일찍 노출되는 반려견들이 다른 종류의 자극들에 더 잘 적응할 수 있다는 것이다.
- 마당에 있는 방해물: 내부에 익숙해지는 것 외에도 반려견은 마당에서도 많은 방해물들을 만나게 될 것이다. 바람이 부는 소리, 울타리를 따라 뛰어다니는 다람쥐, 수영장 물, 뒷 현관 종소리, 축구를 하는 이웃집 아이들, 시끄러운 잔디 깎이 등은 반려견이 야외에서 접할 수 있는 방해요소들이다.
- 지역사회에서의 방해물: 지역사회는 반려견에게 끝없는 방해의 원천을 제공한다. 지나가는 차들, 분주한 인도에 있는 사람들과 다른 반려견들, 반려견들이 집에서 가지고 노는 공과 비슷하게 생긴 공으로 테니스를 치고 있는 사람들, 동물병원 방문, 미용사, 훈련 수업, 그리고 반려동물 친화적인 식당은 모두 일반적인 방해요소들이다. 이상적으로, 반려견은 당신과 함께 많은 장소에 갈 것이다. 반려동물 친화적인 호텔에 머물면 콘크리트 계단, 엘리베이터 등 새로운 경험을 할 수 있다. 반려견은 동

네의 흔한 방해물에 적절하게 반응하기 때문에, 우산을 여닫거나 철사 격자와 같은 특이한 표면 옆에 반려견을 두고 산책시키는 등 조금 더 어려운 방해요소에 대해 연습시킬 수 있다. 당신의 훈련 수업의 도우미들은 특이한 의상을 입고 이상한 소리를 낼 수 있다.

소음

집에는 많은 소음 방해요소가 있다. 냄비와 팬, 텔레비전, 라디오, 세탁기, 진공 청소기, 초인종, 전화기, 잔디 깎는 기계, 쾅 소리를 내는 문, 트럼펫을 연습하는 7학년 학생들은 소음과 관련된 방해요소의 모든 예시들이다. 공원 등 공공장소에서는 아이들이 웃고 소리 지르는 소리, 새가 지저귀는 소리, 공 튕기는 소리, 분수와 호수에서 나오는 물소리 등이 있을 것이다.

불꽃과 천둥은 소음에 관한 한 같은 범주에 속한다. 7월 4일(미국 독립기념일이며, 이 기간에 불꽃 축제를 전국적으로 개최함) 이전 몇 주 동안, 전국의 동물 관리 기관들은 사람들에게 반려견들을 집 안에 두라고 말한다. 뒷마당에 남겨진 반려견들은 불꽃놀이 소리로 인해 당황하고 심지어 트라우마가 생길 수 있다. 놀란 반려견들은 뒷마당을 파고 도망치기도 한다. 7월 4일에 안전하게 반려견을 지키기 위해 할 수 있는 가장 좋은 일은 반려견을 집 안에 두는 것이다.

실제 불꽃놀이에 반려견을 둔감하게 만드는 것은 훈련 기회가 드물게 발생하기 때문에 어렵다. 올해 남은 기간 동안, 반려견이 불꽃놀이에 좀 더 참을성을 보일 수 있도록 다양한 소음에 적응할 수 있도록 노력할 수 있다.

어떤 반려견들은 천둥을 무서워하는데, 그것은 단순한 소음 문제 이상이다. 천둥은 몰아치는 비, 번개, 공기 중의 정전기의 증가, 그리고 땅과 창문이 흔들리는 것과 짝을 이룬다.

불꽃과 천둥 번개 둘 다에 적응하게 하기 위해서는, 반려견이 확실히 안전하다는 것을 알게 하는 것이다. 반려견을 집으로 데려고 들어오라. 번개와 같이 섬광이 있으면 커튼을 닫아라. 그때가 계획된 방해요소를 제공하기에 좋은 시간이다. 텔레비전에서 나오는 영화의 소음이나 음악이 도움이 될 수 있다. 당신은 반려견과 함께 게임을 할 수 있고 또 다른 방해요소를 제공할 수도 있다.

소수의 반려견과 같은 경우에는, 반려견들은 천둥을 단순히 두려워하는 것에서 완전한 공포심을 느끼는 것까지 발전하기도 한다. (공포증은 동물이 기능하는 방식을 바꿀 정도로 극단적인 두려움이다.) 그런 반려견이 크레이트 안에 있다면 광분하여 상자 밖으로 나가기 위해 크레이트를 물어 뜯고 심지어는 이가 부러질 수 있다. 또는 과도하게 헐떡거리거나 서성거리고, 침을 흘릴 수도 있다. 자극에 대한 반응이 이렇게 심할 때, 보호자는 수의사나 동물 행동학자와 함께 문제를 해결해야 할 것이다.

학생들의 스트레스를 줄이기 위한 활동과정에서, 치유견들은 많은 방해요소에 직면한다.

폭풍에 노출되지 않은 강아지들과 폭풍에 잠재적으로 위험한 반응을 보이지 않는 온화하고 겁이 많은 반려견들을 위해, 보호자들은 천둥소리의 녹음을 찾을 수 있다. 이러한 효과음 뒤에 있는 행동 원리는 둔감화이다. 낮은 볼륨으로 시작하고 반려견이 소음에 익숙해질 때마다 점차 소리를 높여가며 폭풍 소리를 재생한다.

고정된 시각적 방해물

고정된 시각적 방해물은 반려견이 보기에 움직이지 않는 것들이다. 가구와 주차된 휠체어(겁을 주기 위해 움직일 필요조차 없는)는 고정된 시각적 방해물의 예이다. 환경에 대해 극도로 민감한 반려견들은 새로운 것에 대해 부정적인 반응을 보일 수 있다. 예를 들어, 배달 서비스가 방금 큰 상자를 내려 놓았고, 당신이 그것을 거실 한가운데에 두었다고 가정해보자. 당신의 휘핏 강아지는 시각적 방해물에 매우 민감하게 반응하며 방에 들어오기 시작한다. 반려견은 문간에 서서 초조하게 소포를 바라보며 "그게 뭐야? 여기 있으면 안되는 거잖아. 나는 그 근처에 가지 않을 거야."라고 말을 하는듯하다.

향기

향기는 방해요소의 또 다른 범주이며, 특히 좋은 코를 가진 반려견에게는 향기가 문제가 될 수 있다. 추적 경기에서 경쟁하는 반려견들은 땅 위에서 냄새를 따라간다. 때때로, 그런 반려견은 트랙에서 경쟁을 하다가 예고도 없이 떠난다. 만약 반려견이 작은 동물의 냄새를 맡은 후, 추적 타이틀을 얻는 것과 "먹잇감을 잡는 것" 중 하나를 선택해야 한다면, 그는 그 동물을 찾을 것이다.

지역사회에서, 당신은 CGC 자격증을 취득한 반려견을 데리고 친구와 함께 반려견 친화적인 비스트로에서 점심식사를 하는 것을 선택할 수 있다. 바깥 뜰에 앉아서, 반려견이 앉아서 기다리기를 배운 것이 얼마나 대단한 것인지 깨닫는다. 종업원이 지나가면 반려견은 더 이상 당신의 발밑에 머물기를 원하지 않고 일어선다. 햄버거 트레이에서 나는 냄새는 방해요소가 되어 앉은 채로 기다리기와 경쟁하는 상황에 이르게 된다. 앉은 채로 기다리기를 연습하고 맛있는 보상을 제공하는 것이 이 문제를 해결하는 비결이 될 것이다.

반려견들만이 인식할 수 있는 냄새는 당신이 어디를 가든 발견할 수 있는 방해요소이다. 반려견이 언제 냄새를 맡아도 되고 언제 당신과 함께 걸어가야 하는지를 훈련하라.

반려견에게 가장 흔한 후각적 방해물의 사례 중 하나는 반려견을 산책에 데리고 갈 때이다. 당신은 빠른 걸음으로 가고 싶은데, 반려견은 두 걸음마다 멈추고 냄새를 맡아야 할 필요성을 느끼는 것처럼 보인다. 당신은 반려견이 냄새를 맡도록 하는 것에 대해 서로가 만족할 만한 균형을 찾아야 할 것이다. 만약 당신이 훈련을 제공하고 신호에 따라 냄새 맡게 한다면, 때로는 반려견이 냄새를 맡을 수 있도록 하고 다른 때에는 "걷자!"라고 말할 수 있을 것이다.

대부분의 경우, 후각적 방해요소는 반려견을 기쁘게 하는 냄새를 포함한다. 가끔 반려견은 사람에게 특이한 반응을 보인다. 이것은 비흡연자와 사는 반려견이 심한 흡연자를 만날 때, 면도를 하거나 향수를 뿌린 후와 같이 강한 냄새가 사람에게서 퍼질 때 일어날 수 있다.

움직이는 방해물

움직이는 방해물은 움직이는 것들이다. 움직임은 반려견의 반응을 일으키는 원인이다. 조깅하는 사람, 자전거와 스케이트보드를 타는 아이들, 쇼핑 카트, 움직이는 유모차와 움직이는 휠체어, 짐수레, 공, 자동차, 그리고 다른 동물들은 반려견이 해야 할 일을 하는 것으로부터 주의를 빼앗거나 부적절한 반응을 일으키도록 하는 것들이 움직이는 방해요소의 예이다. 움직이는 방해물은 쫓는 것에 장점을 가지는 사냥개들에게 특히 문제가 된다.

움직이는 방해물에 의한 문제를 해결하려면 다음 팁을 고려하라.

- 방해물이 가만히 있는 것부터 시작하라. 반려견과 함께 방해물 주위를 걸어라. 아마 문제가 없을 것이다. 움직임이 시작될 때 문제가 야기될 수 있다. 차가 움직이거나 고양이가 달릴 때 반려견은 먹잇감을 발견한 것처럼 추격을 시작할 것이다.
- 둔감화를 사용한다. 반려견을 대상에서 멀리 떨어진 곳에서 시작해서 점차 가까워지게 한다. 또는 물체가 매우 느리게 움직이는 것으로 시작하여 점차 속도를 높여라. (분명히 다람쥐나 고양이에게는 이것을 연습시킬 수 없다. 이 두 종족은 반려견의 둔감화 훈련에 협조하지 않을 것이다.)
- 예를 들어, 테니스 공이 방해가 된다면, 반려견, 테니스 공, 그리고 도우미를 밖으로 데리고 나가라. 반려견과 함께 목줄을 매고, 원을 그리며 걷는 등 CGC 기술을 연습하라. 도우미가 당신과 거리를 두고 서게 하고 공을 위로 던져서 잡아라. 반려견이 주의를 기울인 것에 대해 충분한 칭찬과 보상을 주는 동안 도우미에게 천천히 그리고 점차적으로 당신과 반려견에게 가까이 오도록 지시하라.
- 만일, 빠르게 움직이는 물체가 문제라면(보통 먹이를 쫓는 데 소질이 있는 반려견에게 나타남), 반려견에게 움직이지 말라고 말하면서 천천히 공을 굴리거나 장난감을 옮기는 것에서부터 시작할 수 있을 것이다. 공/장난감의 속도를 점차 높이면서 움직이지 않고 제자리에 머무른 반려견에게 보상을 해준다.

집중하기

'방해물에 대한 반응', CGC 테스트 항목 9번은 반려견들이 잘 적응하고 자신감 있는 반려견들인지 확인하는 데 중요한 역할을 한다. 반려견이 당신의 가족과 합류하자마자, 반려견은 자기 주변의 세상에서 보고 들을 많은 종류의 방해물에 주의를 기울이고 신호를 따르는 것을 목표로 하는 훈련이 필요하다.

- 이런 종류의 훈련은, 처음 시작하는 반려견들에게 공평해야 한다. 훈련 수준이 높은 반려견은 자기가 좋아하는 테니스 공을 공중에 던지는 동안 가만히 있을 것이다. 이제 막 훈련을 시작하는 반려견들의 경우, 성 중립 장난감을 사용하여 시작하라. 반려견에게 성공할 수 있는 모든 기회를 주어라.
- DRI 기법을 사용하라. DRI는 차를 쫓는 반려견들에게 특히 효과적인 기술이다. 목줄을 매면 반려견은 차가 지나갈 때 힐과 앉아서 기다리는 법을 배우고 적절한 행동(추격과 양립할 수 없는 행동)에 대한 보상을 받는다.
- 반려견을 통제하기 위해 "앉아서 지켜 봐" 절차를 사용하라. 이상적으로는 반려견이 움직이는 방해물이 있을 때에도 당신의 지시를 ("같이 걷자", "앉아", "이리 와" 등) 따르는 법을 배울 것이다. 하지만 반려견이 잘 훈련될 때까지, "앉아서 기다려"는 좋은 방법이 될 것이다. 당신은 문제가 되는 방해요소가 있을지라도 앉은 채로 기다리는 반려견을 키울 수 있게 된다. 앉는 것에 익숙한 반려견을 갖는다는 것은 반려견이 가진 움직이는 방해요소를 쫓고 싶어 하는 동기를 없애거나 기회를 감소시키는 것을 의미한다.
- 고급 단계의 훈련으로, 안전하고 밀폐된 지역에서 고급 운동으로 반려견의 목줄을 풀어라. 반려견이 주의를 산만하게 하는 쪽으로 달려가기 시작하면, 반려견을 불러서 당신에게 오게 하라(소환). 반려견이 오면, 칭찬과 대접을 많이 해 주어라.
- 고양이, 다람쥐, 그리고 다른 작은 동물들 주변에서 연습하라. 어떤 견종들은 수 세기 동안 사냥을 위해 길러져 왔다. 그것은 그들의 유전자에 있다. 매우 잘 훈련된 반려견은 다람쥐, 고양이, 또는 다른 작은 동물들을 더 이상 쫓지 않는다. 하지만 반려견이 매우 잘 훈련될 때까지, 다른 동물들을 안전하게 지키기 위해 목줄, 울타리, 그리고 많은 방법들을 사용하라.

CGC 테스트 항목 10

감독하의 분리

이 테스트는 평가자가 "반려견을 잠깐 봐 드릴까요?"라고 말할 때 반려견이 보호자와 분리되어 남겨질 수 있는지를 점검한다.

평가자는 3분 동안 보호자가 보이지 않는 곳에서 있는 동안 반려견의 목줄을 잡고 있을 것이다. 평가자는 반려견에게 말을 걸거나 쓰다듬을 수 있지만, 과도한 관심을 주거나 놀아주는 등의 과도한 관심을 주는 것은 삼가야 된다.

- 반려견은 제자리에 반드시 있을 필요는 없다.
- 만약 반려견이 계속해서 짖거나, 칭얼거리거나, 울부짖는다면, 테스트에 통과할 수 없다.
- 반려견은 불필요하게 서성거리거나 동요하는 기색을 보여서는 안 된다.
- 반려견이 단순히 왔다 갔다 하며 보호자를 찾는 것은 큰 문제가 되지 않는다. 다만, 숨을 헐떡이거나 가쁜 숨을 몰아쉬거나 하는 등 극심한 스트레스의 흔적이 보여서는 안 된다.
- 만약 반려견이 매우 화가 나거나 괴로워 보이기 시작한다면(짖고, 징징거리고, 헐떡거리고, 서성거리고, 잡아당기는 등), 테스트는 종료되어야 한다. CGC 테스트는 재미있어야 할 활동이다. 우리는 반려견이나 보호자들이 CGC에서 좋지 못한 경험을 하는 것을 원하지 않는다. 만일, 반려견이 극도로 스트레스를 받는다면, 훈련이 필요하다. (하지만, 교육은 테스트 중에 수행해서는 안 된다.) 반려견의 불안정한 행동을 야기하는 단 하나의 사건이라도 반려견에게 불안정한 영향을 주는 것은 교육의 효과를 지속시킬 수 없다. 분리라는 것은 반려견에게 중요한 문제이고 약간의 훈련을 통해 반려견이 좀 더 안정적이 될 수 있다는 점을 보호자에게 알려주어야 한다.
- 만약 반려견이 달아나기 위해 목줄을 잡아당긴다면, 테스트에 통과할 수 없다.
- 테스트 중에 소변을 보거나 배변을 하는 반려견은 테스트에 통과할 수 없다. 다만 테스트 항목 10번이 야외에서 실시되거나 훈련 중간에 야외에서 하는 배변활동은 예외로 볼 수 있다. (예: 반려견이 다음 시험장으로 이동하는 동안 덤불에 소변을 보는 것) 반려견들은 훈련에서 핸들러들과 함께 테스트를 받는 동안 용변을 보아서는 안 된다.

CGC 테스트 항목 10번에서 보호자는 반려견을 평가자에게 맡긴다. 평가자는 반려견에게 말을 걸 수는 있으나 너무 많은 관심을 주어서는 안 된다.

우리가 매일 매 순간을 반려견과 함께 보내고 싶어 하는 만큼, 반려견은 혼자 시간을 보내야 할 때도 있다. CGC 테스트 항목 10번 '감독하의 분리'는 반려견이 짧은 시간 동안 신뢰할 수 있는 사람과 함께 지낼 수 있는 능력을 테스트한다. 이것은 반려견이 당신과 떨어져 있는 것을 참아낼 수 있는 첫 번째 단계이다.

현실 세계에서, 보호자가 반려견의 시야에 있지 않은 동안 반려견을 돌봐줄 다른 사람이 필요할 수 있는 예로는 다음과 같은 것들이 있다. 미용실에 반려견을 맡기는 것, 수의사에게 반려견을 맡기고 진찰실 밖에서 기다리는 것, 휴대폰으로 전화를 걸거나, 화장실에 가거나, 가게에 들어가기 위해 자리를 비우는 것을 포함한다. 궁극적으로, 반려견은 수의사 사무실이나 반려견 전문 견사에서 하룻밤을 지내야 하는 경우와 같이 보호자 없이 긴 시간 동안 지내야 하는 경우가 있다.

CGC 테스트 항목 10

감독하의 분리 연습의 전제 조건으로, 강아지 단체 훈련을 위한 재미있는 게임인 "강아지를 넘겨라(Pass the Puppy)"라는 훈련 수업이 있다. 모두가 원을 그리고 앉아 자신의 강아지를 안고 있는다. 강사가 신호를 주면, 모든 사람들은 자신의 강아지를 바로 옆 사람에게 건네준다. 강사는 모든 사람이 훈련에 참여한 모든 강아지를 한 번씩 안아본 후 자신의 강아지를 다시 건네받을 때까지 계속해서 "Pass the Puppy"라는 신호를 준다. 이 훈련은 강아지들을 많은 새로운 사람들에게 노출시킴으로써 어렸을 때부터 보호자가 아닌 다른 사람들 역시 자기를 해치지 않을 것이라는 것을 배운다.

어떤 반려견들은 다른 사람과 함께 지내는 데 어려움을 겪지 않겠지만, 다른 반려견들, 특히 다른 사람과 함께 지낸 경험이 없다면, "엄마"나 "아빠"를 떠나고 싶어 하지 않을 수도 있다. 만약 반려견이 다른 사람과 함께 있고 싶어 하지 않는다면, 다음 단계를 시도해 보라.

1. 반려견의 목줄을 잡고 다른 사람 옆에 서라.
2. 그 사람 옆에 바짝 붙어 서라. 떠나지 말고 그 사람이 목줄을 잡도록 하라.
3. 그 사람 옆에 서라. 그 사람이 목줄을 잡고 있는 동안 한 걸음 물러선 뒤 그 사람이 반려견에게 칭찬하고 먹이를 보상으로 줄 때 다시 제자리로 돌아오라. 반려견은 침착하게 행동할 때만 인정을 받아야 한다.
4. 3단계를 반복하되 이번에는 반려견으로부터 두 걸음을 물러섰다가 돌아온다. 반려견이 칭얼대거나, 서성거리거나, 헐떡거리거나, 스트레스를 받는 것처럼 보이기 시작할 때에는 전 단계로 돌아가라.

훈련 과정에서 당신은 친구들과 함께 CGC 테스트 항목 10번을 연습을 할 수 있다.

CGC 테스트에서 보호자는 반려견을 평가자에게 맡기고 3분간 시야에서 벗어날 것이다.

일관성 있게 행동하라

반려견들은 일관성과 규칙적인 것에서 도움을 받는다. 당신이 반려견을 떠날 때마다 같은 말("곧 돌아올게", "여기서 기다려" 등)을 한다면, 반려견은 당신이 곧 돌아올 것이라고 말하고 있음을 배울 것이다.

5. 이 기술을 체계적으로 가르치고, 한 번에 한 단계씩 나아가라. 사람들이 저지르는 가장 큰 실수는, 예를 들어, 보호자가 도우미에게 목줄을 주고 즉시 방을 가로질러 문간으로 걸어가는 것과 같이 단계를 너무 빨리 진행하려고 하는 것이다. 이것은 반려견을 공포에 떨게 할 수 있다.
6. 방을 가로질러 가는 단계를 완료했다면, 문 밖으로 (1초 동안) 나갔다가 돌아오는 단계로 넘어갈 시간이다. 3분 동안 자리를 비울 수 있을 때까지 한 번에 몇 초씩 추가하라. 한 번에 몇 초가 너무 길다고 생각한다면, 한 번에 1초씩 늘리는 것도 괜찮다.
7. 당신이 돌아왔을 때, 반려견이 당신이 20년 동안 떠난 것처럼 행동하고 너무 기쁜 나머지 점프, 회전과 같은 과도한 행동을 보인다면, 반려견이 더 흥분하는 모습을 보이지 못하도록 침착해야 한다. 반려견이 진정된 후에 칭찬하고 보상하라.

감독되지 않은 분리

궁극적으로 현실 세계에서 '감독하의 분리'는 반려견을 무감독 상태로 둘 때 발생하는 분리로 진행될 것이다. 당신은 분리 문제가 있는 반려견들이 집에 혼자 남겨졌을 때 어떤 일이 일어날 수 있는지에 대한 이야기를 들어본 적이 있을 것이다.

보호자가 자리를 비울 때 소변/배변하기

일부 반려견들은 보호자가 집을 나갈 때마다 바닥에 소변을 보거나 변을 본다. 예를 들어, 스팟은 보호자가 일하러 나갈 때 보호자의 침대에서 소변을 보는 달마시안이었다. 우리가 말하는 것은 반려견이 침대보 가장자리에 자기의 영역표시를 한다는 말이 아니다. 스팟은 아빠가 일하러 나가면 침대 한가운데 커다란 물웅덩이처럼 소변을 본다.

보호자가 자리를 비울 때 물건 부수기

물건을 부수는 것은 분리와 관련된 가장 중요한 문제다. 사샤는 아름다운 시베리안 허스키였는데 그의 보호자는 상자 훈련 또는 켄넬의 필요성을 알지 못했다. 사샤는 집 안을 자유롭게 돌아다닐 수 있었고, 자주 물건을 씹는 것 외에도 가끔은 보호자가 집을 나서고 나면 커튼을 잡아 당겨 떨어뜨리곤 했다.

이 훈련에서, 친절하고 개에 정통한 사람에게 강아지를 맡기는 것은 강아지가 당신의 부재에 적응하는 데 도움이 될 것이다.

커튼이 바닥에 떨어지자, 사샤는 커튼 패널마다 최소 1개 이상의 구멍을 물어뜯어 모든 커튼 패널을 교체해야 했다. 한 번은 사샤가 커튼을 너무 세게 잡아당겨 커튼 봉이 벽에서 떨어져 나오는 바람에 커튼 교체뿐만 아니라 벽 수선 작업도 해야 했다.

보호자가 자리를 비울 때 시끄럽게 하기

소음은 반려견들이 분리 불안을 가지고 있을 때 자주 보이는 문제 중 하나다. 여행을 좋아하는 소형견 보호자는 네 마리의 말티즈를 데리고 있었다. 그녀가 호텔에 머물 때, 집에서 훈련을 받은 네 마리의 반려견들을 돌보는 것은 쉬운 일이었다. 반려견들은 먹이를 먹고, 걷고, 충분한 관심을 받았다. 보호자가 저녁 식사를 위해 방을 나서자, 네 마리의 귀엽고 천사 같은 귀염둥이들은 상자 안에서 얌전하게 자리 잡고 있었으나, 보호자가 복도 끝에서 엘리베이터에 탔을 때, 네 마리 모두 짖기 시작했다. 그렇게 몇 시간 동안 짖기를 계속했고, 근처에서 쉬고 있는 지친 여행자들의 휴식을 방해했다.

보호자와 집주인과의 문제

실내에서 배변을 보고, 물건을 부수고, 다른 사람들을 방해할 정도의 소음을 내는 것은 반려견이 분리와 관련된 문제를 가지고 있을 때 보호자가 직면하는 문제들이다. 이러한 사안들은 집주인 역시 우려하는 문제들이기 때문에 많은 아파트와 콘도 단지, 임대주택에서 반려동물이 허용되지 않는 주요한 이유들이다. 책임감 있는 보호자 서약을 기억하라. 반려동물 보호자의 권리를 보호받기 위해서는 반려견이 과도한 소음을 내고, 부적절하게 실내에서 배변을 보거나, 재산에 피해를 입혀 다른 사람의 권리를 침해하지 않도록 해야 한다.

분리 문제

분리 불안

당신은 "분리 불안"이라는 말을 들어본 적이 있을 것이다. 꽤 오랫동안 이는 반려견들이 혼자 남겨졌을 때 겪는 문제들을 가리키는 용어였다. 기술적으로 "불안"은 호흡 곤란, 심장 두근거림, 혈압과 심박수의 증가와 같은 생리적 변화가 있다는 것을 의미한다. 또한 어느 정도의 걱정과 우려는 불안에 대한 임상적 정의와 일반적으로 유사하다. 인간이 가지는 대표적인 불안의 유형은 시험과 관련한 불안인데, 시험 불안은 다가오는 중요한 시험과 관련하여 떨리고, 아프고, 편두통이 생길 정도로 공황 상태에 빠지게 한다. 홀로 남겨진 모든 반려견들이 불안을 경험하는 것은 아니기 때문에, 동물 행동주의 심리학자들은 "분리 괴로움"과 "분리 행동"을 포함한 다른 용어들을 사용하기 시작하고 있다.

분리 장애

분리 장애는 동물이 스트레스(또는 스트레스를 유발하는 조건)에 적응하는 능력이 없는 것을 의미한다. 사람이건 동물이건, 스트레스의 결과는 종종 부적절한 행동으로 나타난다. 배변(스트레스를 받고 있는 아동들은 화장실 훈련을 받았다 할지라도 침대나 바지를 적실 수도 있다), 시끄럽게 짖기(반려견이 짖고 칭얼거리며 스트레스 받은 아이들은 울지도 모른다), 파괴 또는 공격성을 포함하는 부적응 행동들이 예시다. 많은 상황에서 분리 장애는 분리 불안보다 더 정확한 용어이다.

무슨 일이 있었던 걸까?

분명히 분리 문제 분야에 대한 연구가 더 필요하다. 만약 반려견이 분리 문제를 가지고 있고, 반려견이 행동하는 비디오 영상을 확보할 수 있다면, 동물 행동 심리학자들이 방법을 찾는 데 도움을 줄 수 있을 것이다.

CGC 훈련은 반려견들과 그들의 보호자들과의 소중한 사회화 경험을 제공한다.

분리 행동

반려견 보호자는 집으로 돌아왔을 때, 화장실에서부터 끌려 나온 화장지가 집안 곳곳에 어질러져 있고, 속옷들이 거실에 널려 있는 것을 종종 발견한다. 토네이도가 집을 덮친 것인가? 아니다, 반려견이 또 그런 것이다. 당신이 없는 동안, 반려견이 영화 "리스크 비즈니스"에서 톰 크루즈가 커피 테이블 위에서 뛰어내리고 빗자루를 마치 기타인 것처럼 연주하는 장면을 흉내 낸 것이 확실하다.

이에 대해서 다소 의견의 차이가 있다. 예를 들어, 일부 반려견 전문가들은 보호자들이 집을 비울 때 반려견들이 불안해하거나 우울해하는 것이 아니라 그냥 짓궂은 행동을 하는 것뿐이라고 생각한다. 하지만 일부 반려견들이 보호자가 없을 때 지루해하고 파티를 한다는 생각은 논쟁의 여지가 있는 부분이다. 우리가 알고 있는 것은 무슨 일이 일어났는지이다. 집 전체에 뜯긴 휴지가 있고, 씹힌 신발, 심지어 보호자의 침대 위에 소변 웅덩이가 있을 수도 있다. 이들은 모두 정확하게 분리 행동으로 지칭될 수 있다. 어쨌든, 당신이 없는 동안 반려견이 한 일에 대해 벌을 주는 것은 결코 적절하지 않다.

반려견을 혼자 두기 위한 10가지 팁

1. 행동 형성

짧은 시간으로 시작해 점차 시간을 늘려가면서 반려견을 혼자 두는 연습을 했던 쉐이핑을 기억하는가? 보호자들이 강아지나 성견을 새로 키우기 시작할 때 종종 저지르는 실수는 반려견들이 새로운 가족과 잘 지내는 것 같으면 출근하고 학교에 가는 동안 하루 종일 반려견을 혼자 내버려두는 것이다. 처음에는 아주 짧은 시간(예: 몇 분) 동안만 반려견을 떼어 놓고 어떻게 반응하는지 봐야 한다.

반려견이 분리와 관련된 문제가 있고 당신이 문을 나서자마자 분리 행동에 나선다면 체계적인 훈련 절차를 시행할 필요가 있다. 당신은 이 교육을 위한 시간을 마련해야 한다. 하지만, 매우 바빠서 훈련 과정의 일부만 참여할 수 있다면 결코 시작해서는 안 된다. 체계적인 훈련은 다음과 같은 것들이 있다.

- 집을 비우는 것에 대해 떠들썩하게 하지 말고, 반려견에게 당신이 나가야 한다는 메시지를 전달하라. "곧 돌아올게"나 "집 잘 보고 있어" 같은 말을 할 수 있을 것이다. 당신이 실질적인 어조를 사용하고 매번 같은 말을 하는 한 당신이 무슨 말을 하는지는 중요하지 않다. 이로써 반려견들에게 당신이 선택한 문구를 말할 때 당신이 돌아온다는 것을 알 수 있도록 도와줄 것이다.
- 문을 열고 나가서 닫은 다음, 바로 문을 열고 들어오라. 만약 반려견이 기뻐서 당신에게 뛰어오르면 말을 걸거나 쓰다듬는 것으로 그의 행동에 보상하지 말라. 반려견이 진정될 때까지 잠시 기다려라.
- 당신이 설정한 말로 신호를 반복하라. 문 밖으로 나가서 문을 닫고 잠시 기다렸다가 돌아온다. 매번 몇 초씩 추가해 보라. 분 단위로 늘리기 위해서는 이런 작업을 30회 수행해야 될 수도 있다.

이 과정은 시간이 많이 걸릴 수 있고, 당신은 문을 드나드는 것이 지루해질 수도 있다. 그러나 올바르게 수행되기만 하면 분리 문제를 해결하는 데 효과적인 방법이 된다는 것을 명심하라.

AKC S.T.A.R 강아지 훈련은 CGC 프로그램의 첫 시작이다.

2. 크레이트 훈련을 고려하라

분리 문제가 있는 반려견을 홀로 내버려둬야 하는 상황이라면, 가장 먼저 기억해야 할 것은 반려견을 안전하게 보호해야 한다는 것이다. 집 안을 어슬렁거리거나 전기 코드를 씹는 강아지, 혹은 뒤쪽 현관 가림막을 씹는 강아지는 위험은 말할 것도 없고 많은 어려움에 처할 수 있다. 인간적이고 안전하게 크레이트 훈련을 시킬 수 있는 방법에 대해 알려주는 많은 책들이 있다. 크레이트는 반려견이 편안하게 움직일 수 있을 만큼 충분히 커야 한다. 과용하지 않고 적절히 사용할 경우, 크레이트는 반려견을 안전하게 보호하고 재난을 예방하는 효과적인 도구가 될 수 있다.

3. 지루함을 방지하기 위해 장난감을 제공하라

분리 장애를 해결하기 위해, 당신은 아마도 앞에서 설명한 것처럼 체계적인 훈련을 받아야 할 필요가 있을 것이다. 집 안에서 자유롭게 지낼 수 있는 반려견들은 물론 낮에 크레이트에 있을 반려견들에게 안전하고 받아들일 수 있는 장난감을 제공하는 것은 지루함을 예방하는 현명한 조치이다. 반려견들에게 장난감을 줄 경우, 장난감이 망가질 수 있거나(예: 박제 동물) 삼키면 질식이나 장폐색을 유발할 수 있는 것들은 아닌지 확인해야 한다. 간식이나 땅콩버터를 넣을 수 있는 다양한 강아지 장난감이 있어서 강아지는 보상을 받기 위해 약간의 일을 해야 한다. 만약 당신이 크레이트를 사용하지 않기로 선택한다면, 강아지가 위험한 선택을 하지 않도록(예를 들면, 값비싼 이탈리안 가죽 신발이나 컴퓨터 전선을 물어뜯는 것 등) 반려견을 혼자 두기 전에 집에 강아지 보호장치를 설치하라.

4. 반려견의 신체적 필요를 충족시키라

반려견을 오랫동안 혼자 있게 하기 전에, 반려견의 신체적 욕구를 모두 충족시켰는지 확인하라. 이것은 신선한 물을 제공하고 그의 방광과 장을 완화시키기 위해 데리고 나가는 것이 포함된다. 집에서 훈련받은 반려견이 적절한 화장실 훈련을 받지 못했을 때, 당신이 집을 나갔다가 돌아올 때까지 "참아서" 옳은 일을 하려고 노력하는 것은 반려견에게 육체적으로나 정신적으로 매우 큰 스트레스가 될 수 있다.

5. 반려견 운동시키기

운동은 반려견들의 또 다른 신체적 욕구 중 하나이다. 출근하기 전에 반려견을 잠깐 산책을 시키거나 놀 수 있는 기회를 주는 것은 당신이 집을 비울 때 편안하고 휴식을 취할 준비가 된 반려견을 키우는 데 큰 도움이 될 수 있다.

6. 규칙적인 스케줄을 유지하라

예측 가능한 스케줄은 반려견이 분리 문제를 피할 수 있도록 도와줄 수 있다. 반려견이 적절한 운동을 할 수 있게 하는 등의 아침 일과를 마친 후 비스킷과 신선한 물을 주고, 집을 비울 때마다 "집 잘 보고있어"라고 말한다면(어떤 말이든 당신의 작별 인사면 된다), 반려견은 이것이 아침 훈련이라는 것을 알게 될 것이다. 오래 지나지 않아 당신은 퇴근해서 올 것이고, 또 다른 산책, 훈련, 그리고 놀이 시간을 가질 수 있을 것이다.

7. 친숙한 소리를 제공하라

일부 보호자들은 반려견들이 텔레비전이나 라디오와 같은 친숙한 소리를 들을 때 더 편안하다고 말한다. 보호자들이 집을 비울 때, 반려견들이 음악, 날씨 채널 또는 기타 배경 소음을 들을 수 있도록 하고 있다. 동물 보호소 역시 반려견들이 반려견 사육장에서 음악을 들을 때 더 침착해 보인다고 한다.

8. 다중 반려동물의 상호작용에 주의하라

만약 당신이 다른 반려동물이 이미 있는 상태에서 강아지나 새로운 반려견을 데려온다면, 새로운 반려견을 그들과 함께 혼자 두기 전에 동물들 사이의 역학 관계를 확실히 이해하도록 하라. 예를 들어, 작은 반려견이 겁을 먹거나 다칠 가능성이 조금이라도 있다면 큰 반려견과 작은 반려견을 함께 두기를 원하지 않을 것이며, 반려견이 고양이를 해치려 하지 않을 것이라는 확신이 서지 않는 한 반려견을 고양이와 함께 두고 싶지는 않을 것이다.

9. 나누어서 극복하라

자리를 비운 사이에 끊임없이 짖는 반려견이 여러 마리가 있을 때, 반려견 무리의 행동을 바꾸는 것은 어렵거나 불가능할 것이다. 당신은 이 문제를 해결하기 위해 한 마리의 반려견을 다루면서 나머지 반려견을 통제하는, 나눈 후 상황을 극복하는 방안이 필요할 것이다. 가장 좋은 해결책은 당신의 행동을 바꾸는 것일 수도 있다. 예를 들어, 당신이 반려견들과 함께 여행한다고 가정해 보자. 당신이 저녁 식사를 하러 나가는 동안에 호텔 방에 남겨진 반려견들이 짖음으로써 다른 손님들을 방해하게 놔두는 대신에, 반려견들을 데리고 나가 반려견 친화적인 카페에 가거나, 룸 서비스를 주문하거나, 반려견들을 차에 태우고 드라이브 스루에서 저녁 식사를 할 수 있다. 호텔이나 다른 공공장소에 있는 동안 짖어서 다른 사람들에게 방해를 끼치는 반려견들은 모든 반려견 보호자들의 권리를 위험에 빠뜨릴 수 있다.

10. 침착하게 돌아오라

반려견을 홀로 두기 위한 앞선 체계적인 계획을 따를 때, 당신은 문 밖으로 나갔다가 다시 들어오는 것을 여러 번 반복할 것이다. 처음에는 한 번에 몇 초 동안만 문 밖에 있을 것이고, 반려견들이 침착하게 반응함에 따라 점차 시간을 늘리게 될 것이다. 만약 당신이 안으로 들어왔을 때 반려견이 당신에게 달려들고 흥분상태에 이른다면 당신은 아마도 나가있는 시간을 성급하게 늘렸다는 것을 의미한다. 당신은 더 짧은 시간 동안만 문 밖에 있는 단계로 돌아가야 할 것이다.

만약 당신이 집으로 돌아오고 반려견이 빙글빙글 돌거나, 달려들려고 하거나, 아니면 흥분된 인사를 시작한다면, 반려견의 행동에 반응하지 마라. 심지어 돌아서서 밖으로 나가야 할 수도 있다. 반려견이 침착하게 될 때에야 쓰다듬어 주고 인사를 해라. 당신은 이미 자기를 떠나면 끔찍하다고 생각하는 반려견을 이미 데리고 있다. 집으로 돌아왔을 때 반려견의 흥분된 광기를 부추기는 행동을 한다면, 당신은 단지, 반려견에게 분리되는 것은 끔찍한 일임을 확인해 주는 것에 지나지 않는 것이다.

편안함 느끼기

정기적인 훈련을 받은 반려견들은 행동상의 문제를 덜 일으킨다. 훈련은 반려견의 마음을 감싸줄 무언가를 준다. 보호자와 반려견이 함께 훈련 수업에 참석하면 그들은 매일 새로운 기술을 연습하고, 이것을 통해 반려견들은 도움이 되는 루틴을 제공받는다. 6주간의 수업에 참여하는 것은 완벽한 시작이지만, 만약 반려견이 분리 행동의 징후가 있다면, 당신은 처음의 입문 수업 이후에도 훈련을 계속해야 한다. 랠리, 오비디언스, 어질리티과 같은 AKC 스포츠에 반려견과 함께 참여하는 것을 고려해 보라.

CGC 테스트 항목 10번인 '감독하의 분리'는 반려견들이 짧은 시간 동안 신뢰할 수 있는 사람과 함께 지내도록 가르치는 것으로 시작한다. 반려견 가족과 함께하는 일상의 상황에서, 감독하의 분리 연습은 반려견들이 집에 머물면서 편안함을 느끼고 평화로운 상태에서 당신이 집에 돌아오기만을 기다릴 수 있도록 성장하는 데 기초가 될 것이다.

CGC 테스트 항목 10번은 반려견이 감당하기 어려워하는 분리 문제를 해결하기 위해 만들어졌다.

CGC 책임감 있는 보호자 서약

CGC는 반려견 보호자와 반려견 모두에게 적용되는 개념이다. CGC 자격증을 취득하는 모든 반려견은 책임감 있는 보호자가 있어야 한다. 책임감 있는 보호자 서약(The CGC Responsible Dog Owner's Pledge)은 CGC 프로그램의 가장 중요한 부분 중 하나다. 만약 모든 보호자가 이 서약을 따른다면, 반려견에 관한 제한적인 법률이 필요 없을 것이고, 보호소에 있는 반려견의 수가 훨씬 줄어들 것이며, 개 물림 사고와 같은 반려견과 관련된 문제들 또한 상당히 줄어들 것이다.

책임감 있는 보호자는 다음과 같은 항목을 수용해야 한다.

- 반려견의 건강에 신경 쓰고,
- 반려견이 안전하도록 책임지고,
- 반려견이 타인의 권리를 침해하는 일을 절대 허용하지 않고,
- 반려견을 키우는 것은 시간과 보살핌을 요구하는 헌신적인 일이라는 것을 이해해야 한다.

보호자와 반려견이 CGC 테스트를 하기 전에, 각 보호자는 CGC 책임감 있는 보호자 서약에 서명해야 한다. 이 장은 책임감 있는 보호자 서약에 관해 설명하고 있다.

반려견은 우리를 기쁘게 해 주고 싶어 하고, 실제로도 그렇다. 매일, 짧은 훈련만으로도, 모든 반려견은 몇 주 안에 CGC 테스트에서 기술을 배울 수 있다. 그러나 CGC 테스트를 통과하는 것만으로는 반려견을 모범 반려견으로 만들기에 충분하지는 않다. 반려견이 올바른 매너를 갖추기 위해서는 파트너로서 책임감 있는 보호자가 필요하다. CGC 프로그램의 책임감 있는 보호자 훈련은 아마도 반려견을 위한 10단계의 테스트보다 더 중요할 것이다. 책임감 있는 보호자는 반려견들이 계속해서 우리 공동체의 환영받는 구성원이 되도록 보장할 것이다.

책임감 있는 보호자가 키우는 반려견은 진정한 가족의 일원이자 모든 연령대의 친구이다.

반려견을 키워야 할까?

책임감 있는 보호자가 되기 위한 첫 번째 단계는 삶에서 반려견을 키우기에 적절한 때인지를 아는 것이다. 반려견을 가족의 일원으로 받아들이기로 했을 때, 반려견의 눈을 보고 이렇게 말할 준비를 해라. "나는 앞으로 15년 동안 너의 곁에 있을 거야. 나는 너를 돌보고, 안전하게 지켜주고, 양질의 삶을 주기 위해 필요한 모든 것을 할 거야."

AKC S.T.A.R. Puppy 프로그램을 시작으로, CGC 훈련은 온 가족이 즐길 수 있다.

반려견을 길들이고 새 카펫에 실수해도 인내심을 가질 준비되어 있는가? 반려견을 데리고 온 첫 몇 주 동안 반려견이 형제견을 찾는다고 울부짖는 소리에 잠을 포기할 준비되어 있는가? 비가 올 때도 2시간마다 밖으로 나갈 수 있는 준비가 되어 있는가? 하루에 몇 번씩 반려견에게 적절한 운동을 시킬 시간이 있는가? 예의를 갖춘 반려견이 될 수 있도록 훈련하는 데 필요한 시간을 투자할 준비되어 있는가? 반려견을 원하던 자녀가 반려견에 대한 관심이 사라져도 반려견을 헌신적으로 돌보고 사랑과 관심을 줄 수 있는 책임 있는 어른이 가정에 있는가? 반려견이 자녀 삶의 일부가 되도록 의도했다면, 가정 내에 자녀에게 동물을 올바르게 돌보고 친절하게 대하는 법을 가르칠 수 있는 어른이 있는가?

당신은 다 성장한 반려견을 입양할지도 모른다. 성체 반려견을 가족으로 받아들이는 것 또한 각별히 고려해 봐야 할 상황이다. 성체 반려견이 일으킬 수 있는 행동상의 문제를 해결할 의지가 있는가?

반려견을 보호소나 구조 단체에서 선택한 경우, 그 반려견의 정확한 병력을 모를 수도 있다. 예상치 못하거나 값비쌀 수도 있는 의료비를 지불할 준비되어 있는가? 만약 이러한 장기간의 헌신을 할 수 없다면, 반려견을 가족으로 받아들일 때가 아닐지도 모른다.

자신에게 맞는 반려견 선택하기

당신은 반려견을 소유하는 것에 대한 모든 장단점에 관해 생각해 보았을 것이다. 당신은 당신의 영혼을 찾았고, 당신의 삶에서 반려견이 가족에게 긍정을 더해줄 수 있는 때와 장소에 있다. 그다음 단계는 어떤 반려견이 당신에게 맞는지 정의하는 것이다. 책임감 있는 사육사에게서 자란 순종적인 반려견을 원하는가? 구조 단체에서 반려견을 입양하고 싶은가? 아니면 새로운 반려견을 찾기 위해 보호소를 방문하고 싶은가? 만약 순종견이 당신에게 맞는다고 생각한다면, 개별 견종에 관해 스스로 배우는 것이 다음 단계다.

200여 종의 AKC 견종은 모두 다르다. 대형 반려견을 원하는가, 소형 반려견을 원하는가? 단모 반려견을 원하는가, 장모 반려견을 원하는가? 아이들과 사이좋게 어울리며 지낼 수 있는 견종을 찾는가? 반려견의 기질을 가족의 일반적인 "기질"과 부합시키는 것은 중요하다. 활동적이고 운동을 좋아하는 가족은 활동적이지 않은 견종을 원하지 않을 수 있다. 바셋 하운드는 훌륭한 반려견이 될 수 있지만, 세계 최고의 조깅 동반자는 되지 못할 것이다. 조용하고 집에서 TV를 보는 것을 좋아하는 사람이라면 지난 수 세기 동안 하루 종일 달리고 할 일을 찾기 위해 길러진 보더콜리를 원하지 않을 것이다.

반려견은 어디에서 입양할 수 있을까?

이제 당신은 찾고 있는 반려견의 타입이나 견종에 대한 몇 가지 아이디어를 얻었다. 반려견을 어디에서 입양할 것인가? 첫 번째로, 책임감 있는 보호자로부터 순종견을 입양할 수 있다. 책임 있는 사육사들은 개의 유전학에 정통하다. 그들은 개들의 견종의 질을 향상하는 방향으로 사육한다. 사육사들은 그들이 속한 국가의 부모클럽*(parent club)에 소속되어 있고 그들의 견종과 관련된 신체적 또는 유전적 문제에 관해 교육받는다. 책임 있는 사육사들은 반려견의 혈통의 이전 세대에 관해 얘기해 줄 수 있을 것이고, 이러한 정보는 반려견을 어떻게 키울 것인가에 대한 실마리를 줄 수 있다. 책임 있는 사육사들은 신체 구조가 우수한 반려견을 선발하고 구조적·신체적 문제가 있는 개를 가려내기 위해 마련된 도그쇼에 참여한다. 그들의 사육기준에 맞지 않는 개들은 선택받지 못한다.

대부분의 경우, 책임감 있는 사육사들은 각각의 강아지가 태어나기 전에 강아지들을 위한 크레이트와 대기 명단을 마련했을 것이다. 이 강아지들과 짝짓기에서 가장 잘 어울리는 시어(수컷 개)나 댐(암컷 개)을 찾기 위한 계획이 사전에 준비되는데, 이를 위해 나라 곳곳에 있는 개들이 그 대상이 될 수도 있다. 책임감 있는 사육사는 사육시킬 모든 개의 건강 검진을 많이 해봤을 것이다.

---

* 부모클럽: 각 견종의 전국적인 클럽

책임감 있는 보호자가 되기 위한 첫걸음은 평이 좋은 곳에서 반려견을 선택하는 것이다.

이러한 검사 중 일부는 동물정형외과재단(OFA)의 고관절 이형성 평가, 개안과등록재단(CERF)의 안구 문제 검사, 갑상샘 검사를 포함한다.

대부분의 책임감 있는 사육사는 반려견 보호자가 반려견의 여생 동안 (반려견에게 어떠한 문제가 생기거나) 더 이상 돌볼 수 없게 된다면, 보호자는 그 반려견을 다시 데려가서 돌보거나 그의 남은 일생을 보낼 수 있는 다정한 가정을 찾아줘야 한다는 내용의 계약을 한다. 책임감 있는 사육사들은 종종 반려견이 어떻게 지내는지 들을 수 있도록 그들의 보호자와 연락을 유지하기를 원할 것이다. 당신이 반려견을 키우거나 돌보는 데 어려움이 있다면 사육사에게 자문할 수 있다. 많은 사람은 보호자가 그들의 친구이자 멘토가 될 수 있다는 것을 알게 된다.

이는 "백야드 브리더(backyard breeder)"에게 반려견을 구입할 때 받을 수 있는 것과는 전혀 다른 대우다. 백야드 브리더란 보통 신문 광고에서 볼 수 있는 지역 내 비전문적인 사육사들을 의미한다. 백야드 브리더는 일반적으로 돈을 벌기 위해, 혹은 좋아하는 반려견에게서 새끼를 얻기 위해, 또는 자녀들이 탄생의 기적을 목도할 수 있게 하는 목적으로 반려견을 사육한다. 이러한 사육사가 반려견을 번식하기로 했을 때, 보호자는 같은 견종의 다른 성별인 지역 개를 찾는다. 그 견종의 어떤 지역의 개라도 괜찮을 것이다. 백야드 브리더에게로부터 반려견을 입양하고 부지에서 나오는 순간 그 강아지는 당신의 반려견이 된다. 또한, 그 강아지의 문제가 무엇이건 간에 그것 또한 당신의 문제가 될 것이다. 이러한 사육사로부터 반려견을 구입하는 행위는 백야드 브리딩의 문제와 교육받지 못한 사육사의 문제를 영구화시킨다.

백야드 브리더는 대개 자신들이 판매하는 반려견 견종의 역사나 특징에 관해 아무것도 모른다.

반려견을 입양할 수 있는 또 다른 장소는 구조 단체이다. 견종별 구조 단체와 모든 개를 구조하는 구조 단체가 있다. 대부분의 AKC 부모클럽은 각 견종을 위한 구조 프로그램을 가지고 있다(akc.org 참조). 구조견들은 보통 성견이 많지만, 간혹 가다 강아지도 있다. 구조견들은 좋은 집을 가질 자격이 있는 사랑스럽고 멋진 반려견이다. 일부는 행동적인 문제가 있을 수 있으므로, 이러한 문제를 처리할 수 있도록 준비되어야 할 뿐 아니라 새로운 반려견에게 필요한 훈련사항에 관해 요구해야 할 것이다.

DID YOU KNOW?

www.akc.org에서 책임감 있는 보호자와 순종 구조 단체의 목록을 찾을 수 있고 개별 견종에 관해 읽을 수 있다.

마지막으로, 반려견을 얻기 위해서 지역 보호소에 갈 수 있다. 구조견과 마찬가지로 보호견 또한 행동에 문제가 있을 수 있다. 보호견을 입양하는 지역에 따라 보호소에는 반려견의 이전 보호자나 생활 환경에 대한 정보가 많지 않을 수 있다. 하지만 신중하게 선택한 보호견은 멋진 반려견이 될 수 있다. 보호소에는 순종견과 혼종견이 모두 있으며, 모든 개가 CGC 훈련과 다정한 보호자로부터 덕을 누릴 수 있을 것이다.

책임 있는 주인의식

CGC 테스트에 들어가서 가장 먼저 해야 할 일은 등록 양식을 작성하고 책임감 있는 보호자 서약에 서명하는 것이다. 서약서에 서명할 때, 책임 있는 반려견 주인의식에 있어서 가장 중요한 두 가지 요소에 동의하게 될 것이다. (1) 평생 반려견 건강상의 필요, 안전, 그리고 삶의 질에 책임감을 느끼는 것과 (2) 반려견이 다른 사람들의 권리를 침해하는 것을 허용하지 않는 것이다.

반려견의 건강에 대한 책임

좋은 수의사 찾기

CGC 책임감 있는 보호자 서약에 서명한다는 것은 반려견의 건강 관리를 책임지는 것에 동의하는 것이다. 먼저 가장 중요한 것은 수의사를 고르고, 반려견의 초기 검진을 통해 동물병원에 진료기록 파일을 만드는 것이다. 수의사는 반려견의 보호자인 당신과 함께 반려견에게 가장 적합한 예방접종 일정을 세울 것이다. 한때 모든 반려견이 매년 예방접종을 해야 한다는 주장이 있었으나, 수의사 커뮤니티에서 이에 대한 논쟁이 있었다. 이러한 이유로, 보호자와 수의사는 각각의 반려견을 위한 적절한 예방접종 계획을 세우기 위해 함께 노력해야 한다.

예방접종과 치료를 제공하는 것 외에도, 수의사는 반려견의 삶의 질을 향상할 예방 진료 계획을 세울 수 있다. 예방 진료는 벌레와 같은 내부 기생충, 진드기, 벼룩과 같은 외부 기생충으로부터 반려견을 보호하는 것을 포함한다.

수의학적 치료 비용이 증가함에 따라, 반려견을 위한 건강 보험을 고려해 보는 것도 좋다. 미국켄넬클럽(www.akcphp.com)에서 제공하는 건강 보험에 대한 유용한 정보를 얻을 수 있다.

적절하게 영양 제공하기

책임감 있는 보호자는 반려견에게 적절한 영양을 제공한다. 적절한 영양은 적당한 양의 단백질, 지방, 섬유질, 비타민, 그리고 미네랄이 포함된 질 좋은 사료에서 나온다. 반려견의 사육사나 수의사가 음식을 추천해 줄 수도 있고, 동네 반려견 용품점에서 사료에 관해 배울 수도 있고, 반려견을 잘 아는 친구들에게 추천받을 수도 있다. 어린 반려견, 나이 든 반려견, 몸무게가 많이 나가는 반려견이나 건강에 문제가 있는 반려견을 위한 음식들이 따로 있다. 적절한 영양은 반려견이 건강한 체중과 좋은 털을 유지하는 데 도움을 준다.

좋은 사료 외에도, 반려견들은 항상 깨끗한 물을 이용할 수 있어야 한다. 실내 반려견들은 항상 집에 물이 있어야 한다. 만약 반려견이 하루의 일부를 야외에서 보낸다면, 야외에서 또한 깨끗한 물이 제공되어야 한다. 반려견도 사람처럼 충분한 물을 얻지 못할 때 탈수될 수 있다.

매일 운동하고 그루밍하기

반려견의 건강을 유지하기 위해서는 매일 운동이 필요하다. 운동은 반려견의 심장, 폐, 순환계, 그리고 근육에 좋다. 규칙적인 운동은 반려견의 체중을 유지하고 비만에서 발생하는 많은 건강 문제를 예방하는 데 중요한 역할을 한다.

그루밍 또한 반려견의 건강에 있어서 중요한 역할을 한다. 양치질, 목욕뿐만 아니라 발, 손톱, 눈, 그리고 귀를 확인하는 것을 포함한 일상적인 그루밍은 반려견을 외부 기생충과 피부 감염에서 보호할 수 있다. 목욕은 "필요에 따라" 해야 하지만, 매일 털을 빗겨주면 반려견의 털 상태를 좋게 유지하도록 도와준다. 빗질은 털을 깨끗하게 하고 피부에서 분비되는 기름을 자극하여 건강한 윤기를 만들어 준다. 또한 빗질은 털을 잘 관리할 수 있을 뿐만 아니라 보호자가 반려견과 유대감을 돈독하게 한다. 촉각 자극은 동물들에게 자극에 대한 반응을 강화하게 한다. 빗질이 먼지와 과도한 기름기를 제거하지 못한다면 반려견의 청결을 위해 목욕을 시켜야 할 때가 된 것이다.

반려견의 안전에 대한 책임

울타리와 목줄로 반려견 통제하기

간단한 방법이지만, 목줄과 울타리가 사회 공동체에서 반려견과 관련된 많은 문제에 대한 해결방안이다. 반려견을 열렬히 사랑하는 사람도 공원에서 산책하는데 모르는 반려견이 빠른 속도로 접근하면 무서울 수 있다. 심장이 뛰기 시작하면서 반려견이 당신이나 (목줄을 차고 있는) 반려견을 물고 공격할 수도 있다는 생각에 두려움에 떨 것이다. 반려견을 사랑하는 사람이어도, 공원에서 보호자가 공원 저쪽에서 "착하니까 괜찮을 거야"(혹은 "그냥 인사하는 거야", "놀고 싶어서 그러는 거야")라고 소리치는 것을 들으면 아마도 짜증 날 것이다.

AKC S.T.A.R. Puppy 훈련의 하나로, 강아지는 신호에 의해 그의 장난감을 제때 포기하는 연습을 한다.

반려견이 착한지 아닌지는 중요하지 않다. 무책임한 반려견 보호자와 통제 불능 상태의 반려견이 타인들을 불편하게 하거나 다른 보호자가 반려견과의 산책을 방해할 권리는 없다.

책임감 있는 보호자는 항상 반려견을 적절하게 제한하거나 통제한다. 제한이나 통제의 방법으로는 공공장소에서 목줄을 사용하는 것, 반려견이 밖에 있을 때 집에 울타리를 치는 것, 그리고 목줄을 차지 않아도 되는 구역에서 확실한 언어적 신호를 사용하는 것들을 포함한다. 만약 반려견을 산책시키고 있는 사람이 자신의 반려견과 당신의 반려견이 함께 놀기를 원한다고 생각한다면, 그 사람에게 다가가 허락을 구해라.

울타리가 쳐진 마당을 갖는 것(도시에 살고 있다면, 울타리가 쳐진 반려견 공원에 반려견을 데리고 가는 것)은 반려견이 뛰어놀 수 있고 모든 반려견이 필요로 하는 운동을 할 기회를 준다. 이런 종류의 운동은 목줄을 맨 채로 블록을 한 바퀴 도는 것만으로는 충족될 수 없다. 노견, 신체적인 문제가 있는 반려견, 또는 실내에서의 운동만으로 활동량이 충분한 소형견을 제외한 모든 반려견은 에너지를 소비하기 위해 야외 운동이 필요하다.

반려견과 아이들

데이터는 사람들이 이 두 가지 일만 한다면 대부분의 비극적인 사건이 예방될 수 있다는 것을 분명히 보여준다. (1) 반려견은 울타리를 쳐서 보호하고 (2) 아이들을 감독하는 것이다. 책임감 있는 보호자로서 반려견을 안전하게 지킬 수 있는 핵심적인 부분은 반려견이 성공할 수 있도록 환경을 유지하는 것이다. 부모가 자녀를 감독해야 함에도, 자녀가 반려견에게 물렸을 때 그 대가를 치르는 것은 종종 반려견이다. 이러한 반려견은 위험한 개로 분류되어 동반에 제한받거나, 최악의 경우 강제 안락사를 선고받을 수 있다.

에너지가 많은 견종은 종종 반려견 보호자들에 의해, 반려견들이 너무 흥분하므로 행동에 문제가 있다고 잘못 알려지는 경우가 있다. 이 반려견들은 행동에 문제가 없다. 하루 종일 움직여야만 하는 반려견들이 어느 정도 운동을 해야 하는지에 관해 보호자들이 이해하지 못할 뿐이다. 예를 들어, 보더콜리 보호자는 반려견이 집에서 가만히 있지 않는다는 것에 대해 불평한다. 보더콜리 보호자가 말하기를, "매일 퇴근 후에 반려견을 데리고 동네를 돌아다니며 운동을 시키고 있어요."라고 한다. 이 보호자의 반응은 왜 책임감 있는 보호자가 견종에 대한 교육을 제대로 받아야 하는지 보여주고 있다. 만약 이 보호자가 보더콜리에 관해 진정으로 이해하고 있다면, 반려견을 다섯 번이나 산책시켜도 워밍업조차 되지 않았다는 것을 알 것이다.

가끔 보호자가 책임을 가지려고 해도, 반려견이 협조하지 않을 때도 있다. 당신은 미국켄넬클럽의 조언을 따르고 철사를 엮어 만든 새로운 울타리를 샀다. 반려견이 울타리를 파거나, 울타리를 뛰어넘거나, 심지어는 울타리를 기어오르려는 것과 같은 개가 할 법한 행동이 전혀 아닌 행동을 한다. 어떻게 해야 할까? 만약 당신이 탈출하는 데 소질이 있는 반려견을 데리고 있다면, 울타리를 더 높이 세우고 하단에는 콘크리트 보강재로 울타리를 보호하기 위해 최선을 다해야 할 것이다. 하지만 가장 좋은 해결책은 반려견이 당신의 언어적 신호에 반응하도록 훈련하고, 활동에 참여시키고, 마당에 있을 때는 관리 감독하는 것이다. 자리를 비워야 한다면, 반려견을 데리고 집으로 가라. 이는 또한 누군가가 반려견을 훔치고, 당신이 없는 동안 반려견이 짖어 평화를 깨트리고, 또는 반려견이 지루함에 못 이겨 자유를 향한 탈출을 방지한다.

만약 반려견이 폭력적이라면, 당신이 없을 때 집에 머물 수 있도록 크레이트 훈련*(crate train)을 받아야 한다. 당신은 반려견이 통제되는 환경에 있고 문제에 휘말릴 수 없다는 것을 알고 안심할 수 있을 것이다. 크레이트는 반려견과 당신의 소지품 모두 안전하게 해준다.

울타리가 없는 일부 보호자는 큰 반려견을 원하지만, 집에 반려견을 들이는 것을 원하지 않는다. 그들은 반려견을 말뚝에 사슬로 묶어 밖에 둔다.

---

* 크레이트 훈련: 반려견에게 심리적인 안정을 주기 위한 훈련 중 하나로, 반려견을 케이지에 넣는 훈련

이는 좋은 생각이 아니다. 반려견은 반려동물이며 보호자와 함께 있고 싶어 한다. 대부분의 시간을 사람과 접촉하지 않고 마당에 반려견을 혼자 살게 하는 것은 비인간적이다. 만약 보호를 위해 집 외부에 반려견을 사슬로 묶어 놓을 것이라면, 반려견 대신에 기능 좋은 전자 경보 시스템에 투자해라. 오랫동안 사슬에 묶여 있는 반려견은 굉장히 공격적으로 변할 수 있다. 또한, 반려견을 묶는다고 해도 반려견을 쓰다듬기 위해 접근하는 아이를 보호하진 못한다.

동물등록증

책임감 있는 보호자로서, 당신은 반려견을 감독하고 소유지에서 반려견을 보호하기 위해 최선을 다할 것이다. 불행하게도, 당신이 아무리 노력해도 사고는 발생한다. 예를 들어, 열린 현관문 밖의 다람쥐를 발견한 블랙 리트리버가 순식간에 사라져 버린다. 혹은, 친구가 자녀를 데리고 방문하여 아이가 당신의 집 뒤뜰에서 놀고 있다. 그러나 당신은 휘핏이 마당에 있다는 사실과, 아이가 문을 열어 두었다는 사실을 너무 늦게 깨달아 버린다. 이런 사고가 일어나기 때문에, 반려견이 다시 돌아올 수 있는 가능성을 높이기 위해 어떤 형태로든 신원 확인을 위한 방법을 사용해야 한다.

목걸이 태그는 쉽게 구할 수 있고 저렴한 형태로 반려견의 신원 증명이 가능하다. 그러나 목걸이 태그는 떨어져 나가거나 끊어질 수 있고, 반려견이 탈출을 시도할 때 목걸이를 하고 있지 않을 수 있고, 무언가에 걸리면 안전상의 위험이 될 수 있다는 단점을 가지고 있다.

CGC 훈련에서 가르친 모든 행동들은 반려견을 안전하고 행복하게 한다.

게다가, 만약 반려견을 도둑맞는다면, 목걸이 태그는 간단히 제거되어 가장 가까운 쓰레기통에 버려질 것이고, 반려견을 찾는다 해도 당신에게 소유권의 증거가 없다.

마이크로칩과 문신은 영구적인 신원 증명의 좋은 예이다. 많은 수의사가 반려견에게 마이크로칩을 주거나 문신을 새길 것이다. (이전에 AKC CAR이었던) AKC Reunite 프로그램은 반려견을 영구적으로 식별하기 위해 마이크로칩을 사용하여 50만 마리 이상의 잃어버린 반려견을 보호자와 재회시켰다. 1995년 설립된 AKC Reunite에는 7백만 마리 이상의 반려견이 등록되어 있다.

마이크로칩은 쌀알 크기이며, 각 칩은 고유하고 변경할 수 없는 식별 번호로 인코딩되어 있다. 이 칩은 일반적으로 반려견의 목덜미의 피부 바로 아래에 이식되며 반려견의 일생 동안 유지된다. 만약 마이크로칩을 이식받은 반려견이 길을 잃는다면, 보호소나 동물병원에서 반려견을 스캔하여 마이크로칩이 있는지 확인할 수 있다. 반려견이 AKC Reunite 프로그램에 등록되어 있다면, 보호자는 즉시 그 소식을 들을 수 있게 될 것이다.

길을 잃은 후 가족과 재회한 10만 번째 반려견은 벨이다. 벨은 모험심 때문에 마당 밖으로 나가 집을 떠난 강아지였다. 벨은 애리조나주 투손에 있는 아코우스키 가족의 반려견이다. 아코우스키 가족은 벨을 동물 보호소에서 집으로 데려오자마자 마이크로칩을 이식했다. 아코우스키 가족이 벨을 유심히 지켜 봤음에도 불구하고 잠깐의 방심으로 누군가가 실수로 문을 열어 두고 말았다. 벨은 "탈출 예술가"로 알려진 형제견을 따라 마당에서 나왔고 그렇게 길을 잃었다. 그러나 벨이 선인장 가시로 뒤덮인 것을 친절한 사람이 발견하고 수의사에게 데려왔다. 그곳에서 벨은 스캔 되고 신원이 확인되었다. 수의사 사무실에 있던 누군가가 AKC Reunite에 전화를 했고, 아코우스키 가족은 바로 연락받을 수 있었다. 벨은 13일간의 모험 끝에 안전하게 가족에게 돌아왔다. 마이크로칩이 없었다면 벨은 가족과 재회하지 못했을 것이다.

반려견의 삶의 질에 대한 책임

기본적인 훈련

책임감 있는 보호자들은 기본적인 훈련이 모든 반려견에게 이롭다는 것을 안다. 훈련은 반려견들의 능력을 극대화하고 보호자들은 훈련을 통해 반려견과의 관계를 증진한다. 동물 보호소의 자료는 보호소에 맡겨진 개의 90% 이상은 훈련받지 않았다는 것을 보여준다. 이는 훈련하는 것이 보호자가 반려견에게 헌신하게 하는 유대감으로 이어진다는 뜻이다.

반려견이 통제받고, 앉기, 오기, 엎드리기, 기다리기와 같은 신호에 응한다면, 당신은 반려견이 추가적인 자유를 갖는 데 필요한 기술을 제공한 것이다. CGC 훈련은 반려견의 삶에 필요한 모든 훈련의 기초다. 모든 반려견은 CGC 자격증을 받기 위해 필요한 최소한의 훈련을 받을 자격이 있다. 보호자와 반려견은 매주 6~8주 동안 일주일에 1시간 분량의 수업을 받고 매일 집에서 약 15분간 연습하면 CGC 자격증을 얻을 수 있다.

이 자격증은 당신이 반려견에게 새로운 기술을 가르치는 능력이 있고, 책임감 있는 보호자로서 반려견에게 헌신하고 있음을 보여주는 것이다.

관심과 놀이 시간

강아지들은 어린아이들처럼 놀이를 통해 그들 주변의 세계를 배운다. 보호자가 게임과 놀이를 재밌게 하면 강아지의 놀이 사랑은 노견이 되어서도 이어질 것이다. 반려견에게 운동, 재미, 그리고 정신적인 자극을 제공할 수 있는 게임의 예시에는 반려견이 던진 공이나 부드러운 프리스비를 가져오도록 뛰게 하거나 보물 찾기가 있다. 반려견과 보호자 모두 즐길 수 있는 놀이 시간은 매일 가져야 한다.

시간과 보살핌의 약속

반려견을 소유하는 것은 약속이다. 반려견에게 매일 양질의 보살핌, CGC 기술에 기반하는 훈련, 놀이 시간, 충분한 관심을 제공한다면 반려견은 반려견 보호자의 동반자이자 매일 행복하게 해줄 수 있는 친구가 될 것이다.

반려견 보호자는 반려견의 삶의 질을 책임지고 있다. 반려견 훈련사들은 종종 "사람들은 그들이 받아 마땅할 반려견을 얻는다"라고 말하는데, 사실이다. 반려견은 훌륭하고 놀라운 생명체다. 반려견은 우리에게 사랑을 주고 헌신을 다한다. 반려견 또한 책임 있고 헌신적인 보호자를 가질 자격이 있다.

반려견이 타인의 권리를 침해하는 것을 절대 불허하라

제멋대로 돌아다니기 금지

책임감 있는 보호자가 되는 것의 중요한 부분은 반려견이 다른 사람들의 권리를 침해하는 것을 결코 허락해선 안 된다는 것이다. 반려견이 동네에서 제멋대로 돌아다니기를 절대 허용해서는 안 된다. 일부 반려견 보호자가 무책임한 행동을 할 때 다른 보호자가 특권을 잃고, 점점 더 많은 곳에서 잃는 특권에는 반려견을 소유할 권리가 포함될 수 있다.

성가신 짖음 금지

우리는 모두 이웃들의 집이 편안한 안식처를 즐길 수 있는 평화로운 장소가 되기를 원한다. 근처에 계속해서 짖는 반려견이 있으면 긴장을 풀거나 잠을 잘 수 없다. 책임감 있는 보호자는 반려견이 과도하게 짖음으로써 다른 사람에게 불편을 끼치는 것을 용인해서는 안 된다.

모든 크기의 반려견들은 훈련이 필요하고, CGC 훈련은 반려견이 배울 수 있는 멋진 방안이다.

만약 반려견이 미치도록 짖는다면, 반려견이 짖는 것을 제때 할 수 있게 하는 행동 프로그램을 고려하라. 이는 반려견들이 "짖어", "짖지 마"라는 신호나 지시에 관해 배우는 것을 의미한다.

쓰레기 줍기

공원, 등산로, 벌판 등 공공장소에서 반려견이 배변을 보고 보호자가 뒤처리하지 않을 때 시·군·공원 관계자들은 "이제 그만! 더 이상 반려견은 안 돼"라고 반응할 것이다.

반려견의 배변을 치우는 것은 옳은 일이다. 다른 사람들은 깨끗한 여가 공간을 즐기고, 반려견의 배설물을 보거나 밟아서는 안 된다. 책임감 있는 보호자는 산책과 등산을 할 때 비닐봉지를 가지고 다닌다. 만약 반려견이 공공장소에서 배변을 본다면, 뒤처리를 위해 봉투를 사용해라. 봉투는 가까운 쓰레기통에 버리면 된다.

CGC 책임감 있는 보호자 서약

나는 나의 반려견이 진정한 예의 바른 반려견이 되기 위해서는 책임감 있는 보호자가 필요하다는 것을 이해합니다. 나는 내 반려견의 건강, 안전, 삶의 양질을 유지하는 것에 동의합니다. 나는 CGC 테스트에 참여함으로써 아래에 명시된 항목에 동의합니다.

나는 나의 반려견의 건강에 필요한 것들을 책임질 것입니다. 이는 아래와 같은 항목을 포함합니다.

✓ 건강 검진과 예방접종을 포함한 정기적인 동물병원 내원하기

✓ 적절한 식단을 통한 적절한 영양과 항상 깨끗한 물 제공하기

✓ 매일 운동시키기와 규칙적인 목욕 및 그루밍하기

나는 나의 반려견의 안전을 책임질 것입니다.

✓ 나는 필요한 곳에 울타리를 설치하고, 반려견이 제멋대로 돌아다니도록 만들지 않을 것이며 공공장소에서 목줄을 사용함으로써 반려견을 적절하게 통제할 것입니다.

✓ 나는 반려견이 어떤 형태로든 식별장치를 갖도록 할 것입니다(목걸이 태그, 문신, 마이크로칩 ID 포함).

✓ 나는 반려견과 자녀가 함께할 때 적절하게 관리 감독할 것입니다.

나는 나의 반려견이 다른 사람들의 권리를 침해하는 것을 허락하지 않을 것입니다.

✓ 나는 반려견이 동네에서 제멋대로 돌아다니도록 허락하지 않을 것입니다.

✓ 나는 반려견이 마당, 호텔 등에서의 짖음 때문에 다른 사람들에게 폐가 되는 것을 용납하지 않을 것입니다.

✓ 나는 호텔, 보도, 공원 등 모든 공공장소에서 반려견의 배설물을 적절하게 처리할 것입니다.

✓ 나는 벌판, 등산로, 야영장, 목줄을 하지 않아도 되는 공원에서 반려견의 배설물을 적절하게 처리할 것입니다.

나는 나의 반려견의 삶의 질을 책임질 것입니다.

✓ 나는 기본적인 훈련이 모든 반려견에게 이롭다는 것을 알고 있습니다.

✓ 나는 반려견에게 관심과 놀이 시간을 제공하겠습니다.

✓ 나는 반려견을 키우는 것이 시간과 보살핌을 요구하는 헌신적인 일임을 알고 있습니다.

보호자 서명 ____________________ 날짜 ________________

근처에서 CGC 훈련 및 테스트 장소 찾기

CGC 훈련의 이점

CGC 테스트를 통과한 반려견을 키우면 이점이 많다. 반려견에게 CGC 기술을 가르치고 CGC 타이틀을 얻음으로써 아래와 같은 이익을 볼 수 있다.

- 당신은 지시에 반응하고 관리하기 쉬운 반려견의 자랑스러운 보호자가 될 것이다.
- 당신은 자신을 책임감 있는 보호자로 인식할 것이다.
- 당신은 CGC 수업을 통해 반려견 훈련이라는 멋진 세계에 입문할 것이다. 또한 치료 도우미견 활동(therapy-dog work), 묘기 훈련(trick training), 경주(Rally), 오비디언스(obedience), 이질리티(agility) 같은 흥미로운 활동들을 경험할 것이다.
- 당신이 사는 곳에 따라, 반려견 공원의 입장료, 동물병원 할인, 집주인 보험 혜택, 그리고 치료 도우미견 그룹(therapy-dog group)에 참가할 수 있는 등의 특혜가 주어질 것이다. 이는 반려견이 CGC 훈련을 받았기 때문이다.
- 그리고 가장 중요한 것은 CGC 훈련을 통해 당신은 반려견과의 유대감을 영원히 지속시키고 키울 수 있을 것이다.

CGC 테스트를 보러 도착하면 운동별로 지정된 장소가 있다.

첫 번째 단계는 반려견에게 CGC 테스트 기술을 가르치는 것이다. 반려견을 훈련하는 방법을 안다면, 반려견 보호자가 직접 그 기술들을 가르쳐도 된다. 그리고 그 후에 AKC에서 공인한 CGC 평가자를 찾아 반려견을 테스트하도록 하거나 훈련 수업에 참석해도 된다. 일부 수업의 이름은 "Canine Good Citizen 수업"이지만, 기본적인 오비디언스 훈련 수업 또한 CGC 테스트 준비에 도움이 된다. 코스 시작 시 강사에게 CGC 테스트를 통과하는 것이 목표라고 말하기만 하면 된다.

우리는 반려견에게 CGC 기술을 가르칠 수 있는 수업에 참여하는 것을 강력히 추천한다. 반려견들은 수업에서 보호자가 혼자 훈련했을 때는 가질 수 없는 사회화의 기회를 얻게 될 것이다. 다른 사람들과 그들의 반려견과의 교류를 통해 낯선 사람과의 만남과 산만한 환경 속에서의 반려견 훈련(distraction-dog exercise)을 연습할 수 있다. 이런 경험은 반려견이 낯선 사람과 낯선 반려견, 그리고 산만한 환경에서도 평정심을 가질 수 있도록 가르치는 매우 소중한 시간이 될 것이다.

평가자를 만나라

CGC 자격증을 받기 위해서는 반려견이 CGC 테스트를 통과해야만 한다는 것을 알고 있을 것이다. 테스트는 AKC에서 공인한 CGC 평가자가 관리해야 한다. 평가자는 경험이 풍부한 반려견 훈련사이다. 평가자로 승인되기 위해서, 지원자는 최소 2년 동안 반려견 보호자와 반려견을 가르친 경험이 있어야 하고, 18세 이상이어야 하며, AKC에서 평판이 좋아야 하며, 다양한 견종과 다양한 종류의 반려견 관련 일을 경험해야 한다.

CGC 교육 및 테스트 장소 찾기

- 아래 AKC 웹사이트에서 주별 평가자를 찾아보라.
  https://webapps.akc.org/cgc-evaluator/#. 가까운 평가자에게 연락하여 교육 및 테스트에 관해 문의하라.
- 반려견이 테스트할 준비가 되었거나 CGC 훈련을 하는 동안 테스트를 보고 싶다면 근처의 평가자에게 문의하라.
- www.akc.org에 방문하여 검색 상자에 "클럽(club)"을 입력하면 근처에 있는 클럽을 찾을 수 있다.
- 가까운 반려동물 용품점에 문의하라. CGC 수업 및 테스트 장소를 제공할 수 있다.
- 해당 지역의 개인 반려견 훈련사를 찾아라. 기초 오비디언스 수업은 당신과 반려견을 CGC 테스트에 대비시킬 것이다.

보호자와 반려견 훈련에 적합한 강사 선택하기

지난 수십 년간, 반려견 훈련은 엄청나게 변화했다. 한때 반려견과 말은 가혹한 처벌에 기반한 훈련을 받았지만, 현재의 훈련 철학은 긍정적인 강화와 과학에 기반한 절차를 사용하는 것을 목표로 한다. 강사마다 차이가 있는 것은 양성 강화의 정도와 수준, 그리고 어떠한 교정 방법이 교육에 사용되는지(사용된다면 어떤 유형인지)에 대한 차이이다.

반려견을 수업에 데려가기로 한 많은 사람은 광고를 보거나 수업에 관해 들어본 적이 있을 것이다. 그들은 수업에 등록하고, 반려견과 그날 바로 수업에 나타난다. 이는 반려견 훈련 수업을 시작하는 가장 좋은 방법이 아니다. 반려견을 훈련반에 등록할 준비가 되었다면, 등록하기 전에 여러 명의 강사에게 전화를 걸어 수업에 참관할 수 있는지 물어보는 것이 좋다. 반려견 없이 수업에 가서 다른 학생들을 관찰하고, 메모하며 훈련사가 어떻게 가르치는지 주목하라. 만약 등록하기 전에 훈련을 직접 관찰했다면 많은 사람이 그들의 훈련 수업에 대해 다른 선택을 했을 것이다.

당신의 목표는 반려견이 어떻게 훈련받았으면 좋을지에 관해 당신과 같은 철학 및 생각을 가진 수업, 훈련 장소, 그리고 훈련사를 찾는 것이다.

반려견의 CGC 성과와 훈련에 대한 당신의 헌신에 자부심을 가질 수 있다.

당신은 분명히 유능한 훈련사를 찾고 싶을 것이다. 그뿐만 아니라, 반려견이 마땅히 받아야 할 보살핌과 존중으로 대할 훈련사를 찾아야 한다.

강사를 만나면 다음과 같은 몇 가지 질문을 해라.

- 반려견을 훈련한 지 얼마나 됐나?
- 어떤 종류의 수업을 가르치는가?
- 반려견들은 어떤 타이틀을 가지고 있는가?(예: CGC 자격증)
- 어떤 반려견 스포츠에 참여했나? 참여한 적 없다면 참여할 계획이 있는가?
- 당신의 기본적인 훈련 철학은 무엇인가?
- 수업에서 어떤 종류의 장비(예: 목줄 등)를 사용하는가?
- 당신은 음식 보상이나 행동 교정을 하는가? 만약 그렇다면, 그것들에 관해 설명해 줄 수 있는가?

- 모든 크기의 반려견들이 함께 수업받는가?
- 당신의 수업 중퇴율이 얼마나 되고 몇 명의 학생들이 수료했는가?
- 수업을 시작한 후, 많은 학생이 추가 교육을 받는가?

  강사를 관찰할 때 다음 사항을 고려해라.
- 사람을 가르칠 때 강사의 기술 수준
- 강사의 반려견 지식
- 강사가 학생들과 소통하는 방식 - 유쾌하고 독려하는가, 아니면 거만하고 빈정거리는가?
- 수업의 조직, 즉 각 주제에 얼마나 많은 시간을 할애하는지, 몇 명의 보호자와 몇 마리의 반려견이 있는지 등
- 커리큘럼 - 배우고 싶은 것을 모두 다 가르치는가?
- 반려견들의 태도 - 행복해 보이고 훈련을 열망하는 것처럼 보이는가 아니면 지루하거나 긴장된 것처럼 보이는가?
- 사람들의 태도 - 그들은 열정적인가 아니면 불만스러운가?
- 강의가 제시되고 순서가 매겨지는 방식 - 수업이 성공을 장려하는 방식으로 구성되어 있는가?
- 수업 방식 - 수업 내내 강의를 듣는가 아니면 반려견과 함께 충분히 연습할 시간을 얻는가?
- 태도 문제나 학생 질문을 다룰 수 있는 강사의 능력

재시험

일부 반려견들은 한 번에 CGC 테스트를 통과하지 못한다. 만약 반려견이 한 번에 CGC 테스트를 통과하지 못하더라도 당황하거나 실망하지 마라. 이는 반려견이 훈련하기 다소 어려울 수 있다는 것을 의미할 수도 있고, 혹은 당신이 특정한 행위에 조금 더 노력할 필요가 있다는 것을 의미할 수도 있다. 중요한 것은 당신이 책임감 있는 보호자가 되기 위해 헌신하고, 반려견을 사랑하고, CGC 자격증을 받기 위해 노력하고 있다는 것이다. 이 원대한 계획 안에서, 반려견이 얼마나 많은 훈련을 해야 하는지는 중요하지 않다.

AKC Family Dog: CGC 이전과 그 이후

AKC Family Dog 프로그램은 모든 반려견을 위한 종합적인 매너 프로그램이며, 확대된 CGC 훈련에 기반하고 있다. AKC Family Dog는 가족 구성원들에게 반려견과 의사소통을 가장 잘할 방법을 가르치는 조직 내의 산하 프로그램이다. 활동들은 비경쟁적이고, 반려견을 훈련하는 모든 사람이 승자이다. AKC Family Dog는 다음과 같은 프로그램을 포함한다: AKC S.T.A.R. Puppy, Canine Good Citizen, AKC Community Canine, AKC Urban CGC, AKC Trick Dog, CGC-Ready(피난처 및 구조 훈련을 받은 반려견용 프로그램), AKC Therapy Dog, AKC FIT DOG, 그리고 AKC Temperament Test.

AKC Family Dog 프로그램의 핵심은 CGC 훈련이며, CGC는 반려견에게 기본적인 반려견 매너를 가르치고 책임감 있는 반려견 보호자가 되는 법을 배우기 위해 가는 곳이다. CGC 훈련이 당신과 반려견이 함께 경험하는 교육의 중요한 부분이 되기를 바란다. CGC 이전과 이후 모두, 미국켄넬클럽(American Kennel Club, 이하 AKC)에서는 당신이 평생 배울 수 있도록 풍부한 교육 기회를 제공하고 동반자들과 즐거운 시간을 보낼 수 있도록 준비되어 있다.

어린 반려견을 위한 즐거운 CGC 훈련은 AKC S.T.A.R. Puppy이다.

만약 당신이 이 책을 샀고, CGC 훈련을 받기에 너무 어린 반려견이 있다고 해도 괜찮다. AKC S.T.A.R. Puppy 프로그램을 시작할 수 있기 때문이다. CGC가 끝나면 AKC Community Canine 및 AKC Urban CGC를 포함한 상급 CGC 훈련을 계속할 수 있다. 훈련에 빠져들었다면 AKC Trick Dog, AKC Therapy Dog, 그리고 랠리, 오비디언스, 어질리티 같이 경쟁력 있는 훈련에 참여할 수 있다.

CGC 이전

AKC S.T.A.R. Puppy™

AKC S.T.A.R. Puppy 프로그램은 반려견 보호자와 강아지가 좋은 시작을 도약하도록 고안된 흥미로운 프로그램이다. S.T.A.R.은 강아지가 좋은 일생을 살기 위해 필요한 모든 것들의 약자이다 - 사회화(Socialization), 훈련(Training), 활동(Activity), 책임감 있는 보호자(Responsible owner). AKC S.T.A.R. Puppy Program은 보호자가 강아지와 함께 최소 6주간의 기본 훈련 수업을 받는 인센티브 프로그램이다.

수업은 보호자가 반려견과 의사소통하는 법을 가르치는 매우 효과적인 방법이다. 수업에서는 보호자가 강아지를 키우는 데 필요한 지식을 제공하는데, 여기에는 집에서 훈련하는 것, 씹는 것, 부를 때 오는 것과 같은 기본적인 기술을 가르치는 가장 실용적인 방법에 대한 정보가 포함된다. AKC S.T.A.R. Puppy 프로그램은 CGC 프로그램의 자연스러운 선행 프로그램이다.

당신과 강아지가 AKC S.T.A.R. Puppy 수업을 마치면, 당신의 강아지는 AKC S.T.A.R. Puppy 프로그램에 등록할 자격이 생긴다. 훈련사가 본 수업 종강 시 AKC S.T.A.R. Puppy 테스트의 20개의 항목을 테스트할 것이다. 테스트에 합격하면, 당신은 프로그램 등록 신청서를 제출할 것이다. 반려견은 AKC S.T.A.R. Puppy 메달을 받고 AKC S.T.A.R. Puppy 기록에 등재될 것이다. AKC S.T.A.R. Puppy 프로그램에 대한 더 많은 정보는 www.akc.org/starpuppy에서 찾을 수 있다.

CGCA 타이틀을 획득한 후 Patriot Service Dogs 훈련을 받는 자랑스러운 훈련생들의 모습

CGC 이후

AKC Community Canine™

AKC Community Canine은 상급 CGC 프로그램이다. AKC Community Canine에서는 10단계 AKC Community Canine 테스트를 통과한 반려견만이 CGCA(CGC 상급 단계) 타이틀을 획득할 수 있다. AKC Community Canine의 목표는 자연스러운 환경에서 반려견의 기술을 테스트하는 것이다. 예를 들어, "군중 사이로 걷기" 테스트 항목은 도그쇼에서 반려견을 링에서 테스트하는 것보다, 반려견이 도그쇼, 보행로, 훈련 클럽, 또는 지역 공원에서 실제 군중 사이를 걷는 것을 포함한다. AKC Community Canine 테스트 항목에 대한 자세한 내용과 사본은 www.akc.org/products-services/training-programs/canine-good-citizen/akc-urban-canine-good-citizen/about을 참조하라.

Urban CGC 테스트의 하나로 통제된 상태를 유지하면서 공공장소에서 걷는 반려견들의 능력을 평가한다.

AKC Urban CGC™

AKC Urban CGC 또한 CGC와 AKC Community Canine 프로그램처럼 반려견이 Urban CGC 타이틀을 획득하기 위해 10단계 테스트 통과를 요구한다. AKC Urban CGC는 CGC보다 더 높은 단계의 프로그램이며, 반려견은 교통, 군중, 소음, 냄새, 그리고 도시나 마을에 존재하는 방해요소를 포함하는 환경에서 CGC 기술과 그 이상을 보여주어야 한다. AKC Urban CGC 프로그램은 반려견들이 공공장소에서 올바르게 행동한다는 것을 보여준다. 이 테스트는 반려견 친화적인 기업(숙박, 소매, 교통, 공공시설 등)에서 좋은 매너를 가진 반려견을 인식하고 받아들이는 데 활용할 수 있다. 자세한 정보와 테스트 항목 목록은 www.akc.org/products-services/training-programs/canine-good-citizen/akc-urban-canine-good-citizen/about을 참조하라.

자원봉사 훈련사들은 입양을 준비하기 위해 보호소 반려견들에게 좋은 매너에 관해 가르친다.

CGC-Ready™

CGC-Ready는 직원이나 자원봉사 훈련사가 반려견 보호자를 위해 개를 훈련하거나 입양을 준비하는 환경에서 구현되는 CGC 프로그램이다. CGC-Ready는 구조 기관, 보호소, 교도소 기반 반려견 훈련 프로그램, 서비스 반려견 훈련사, 반려견 탁아소, 그리고 훈련을 제공하는 탑승 반려견 사육장에서 사용된다.

CGC-Ready 프로그램에서, 개들은 트레이너에게 훈련받는다. 개가 준비되면, 새로운 보호자가 개와 함께 CGC 테스트를 통과해야 한다. 보호소와 같은 입양 지향적인 환경에서, CGC 테스트를 통과할 준비되어 있다는 것은 개가 더 빨리 입양될 수 있다는 것을 의미한다.

학교와 도서관의 치료 도우미견 프로그램은 어린 독자들의 참여를 돕는다.

AKC Therapy Dog™

AKC Therapy Dog 프로그램의 목적은 반려견과 보호자가 치료팀으로 자원봉사를 함으로써 다른 사람들을 돕는 것이다. 반려견은 자격을 갖춘 공인 치료 도우미견 단체를 통해 등록 또는 인증을 받는다. AKC Therapy Dog 타이틀은 반려견이 완료한 방문 횟수에 따라 획득할 수 있다. 자세한 내용은 www.akc.org/sports/title-recognition-program/therapy-dog-program/the-purpose-of-this-program에서 세부 사항을 참조하라.

치료 도우미견 주크가 코로나19 대유행 당시 비대면으로 친구를 만나는 모습

AKC FIT DOG 클럽은 보호자가 건강 목표를 달성할 수 있도록 도와준다.

AKC FIT DOG™

그 어느 때보다 건강은 반려견과 사람 모두에게 중요하다. AKC FIT DOG 프로그램은 매주 최소 150분(30~40분 세션) 동안 걷는 것에 대한 미국심장협회의 권고를 채택했다. AKC FIT DOG에서 체력 요건을 충족하고 관련 문서를 제출한 반려견 보호자는 AKC FIT DOG 로고가 있는 자석을 무료로 얻을 수 있다. 수천 명의 보호자와 반려견이 AKC FIT DOG 챌린지에 성공했고, 현재 수백 개의 AKC FIT DOG 클럽이 있다. 당신과 반려견이 건강을 위해 시작할 수 있는 운동을 알아보려면, www.akc.org/sports/akc-family-dog-program/akc-fit-dog를 참조하라.

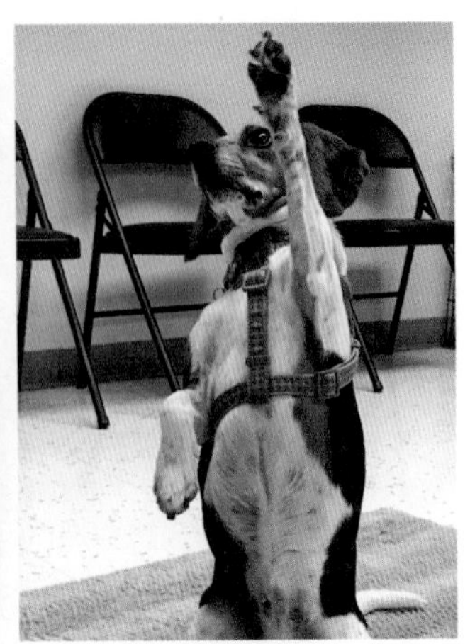

AKC Trick Dog™

래시와 린틴틴과 함께 흑백 텔레비전 시대로 거슬러 올라가더라도, 트릭 트레이닝은 그때부터 지금까지 여전히 반려견 훈련의 가장 재미있고 흥미로운 분야 중 하나이다. AKC Trick Dog 프로그램에서, 반려견 보호자는 트릭 수업을 듣거나 반려견에게 트릭을 가르친다. 준비되면, 반려견들은 다섯 개의 난이도의 테스트를 받고, 초급 Trick Dog, 중급 Trick Dog, 고급 Trick Dog, Trick Dog 퍼포머, Trick Dog 엘리트 퍼포머를 포함하는 AKC Trick Dog 타이틀을 얻을 수 있다.

Trick Dog 테스트는 CGC 평가자에 의해 진행되며, 테스트는 대면 및 비대면으로 수행될 수 있다.

미국 텍사스주 로빈슨 출신 트레이시 덜록의 반려견인 골든 리트리버 그리프는 2019년에 AKC의 첫 전국 Trick Dog 대회에서 우승했을 때 최고의 Trick Dog이었다.

AKC Temperament Test는 AKC 경기와 함께 진행된다.

AKC Temperament Test(ATT™)

AKC Temperament Test(ATT)는 반려견이 다양한 자극에 어떻게 반응하는지 평가한다. ATT 평가자는 정서적 안정성, 핸들러와의 협력, 견종에 따른 적합한 사회성, 그리고 놀랐을 때 회복하는 능력을 보여주는 것을 포함하여 반려견에게서 바람직한 특성을 관찰한다. ATT에서 반려견들은 두려움이나 공격적인 모습을 보여서는 안 된다.

메리 버치(Mary Burch)와 더그 융렌(Doug Ljungren)에 의해 개발된 ATT는 최초의 광범위하고 오랫동안 관행으로 인정된 기질 테스트이다. 역사적으로 기질 테스트는 예측 도구의 관점에서 생각되어 왔다. ATT는 사회적, 청각적, 시각적, 촉각적, 자기 수용적, 그리고 예상치 못한 자극을 포함하는 여섯 가지 범주로 반려견을 테스트한다. ATT에 대한 자세한 내용은 www.akc.org/akctemptest를 참조하라.

그 외에 재미있는 훈련

도그쇼

도그쇼에서 강조되는 것은 반려견의 형태, 즉 신체적 구조에 있다. 반려견들은 신체 구조, 외모, 걸음걸이, 그리고 기질을 포함한 자질들로 평가된다. 각 항목을 테스트한 후, 심판은 반려견이 그 견종의 서면 기준에 묘사된 완벽한 이미지에 얼마나 밀접하게 부합하는지 평가한다.

도그쇼에서 반려견들은 그들의 선수권 대회를 향해 점수를 얻기 위해 경쟁한다. 챔피언이 되기 위해서는 15점이 필요하며, 최소 3명의 다른 심판으로부터 점수를 획득해야 한다.

핸들러와 심사위원을 위한 주니어 쇼맨십 프로그램은 도그쇼에 참여하는 사람들에게 전문성과 윤리성을 길러준다.

모든 AKC 견종이 참가할 수 있는 올 브리드 쇼(all-breed show)에서 각 견종 내 우승자는 그룹 안에서 네 개의 포지션을 놓고 경쟁한다. 결승전에서는 7마리의 반려견(그룹별 1등)이 전 견종 내 1위(Best in Show)를 위해 경쟁한다.

도그쇼에 나온 반려견들은 중성화 수술을 받을 수 없다. 도그쇼의 목적은 각 견종의 대표 품질과 번식에 바람직한 특성을 파악함으로써 순종 반려견의 견종을 개선하기 위한 것이기 때문이다.

주니어 쇼맨십

주니어 쇼맨십은 9세에서 18세 사이의 젊은 사람들에게 쇼에서 반려견을 보여주는 방법과 스포츠맨십을 발달시키는 것에 관해 가르치는 역할을 하는 AKC 활동이다.

주니어 쇼맨십 대회는 반려견의 신체적 구조가 아닌 어린 핸들러의 실력만으로 평가된다. 주니어는 동반 경기(예: 오비디언스, 어질리티)와 퍼포먼스 경기에 반려견과 함께 참여할 수도 있다. 동반 이벤트 참가에는 최소 나이 제한이 없다.

어질리티(Agility)와 ACT

당신은 텔레비전에서 어질리티를 본 적이 있을 것이다. 어질리티는 반려견들이 다양한 장애물들(터널, 타이어 점프, 위브 폴, 막대 점프, 멀리뛰기, 걷기, A-프레임, 시소, 포즈 테이블)이 설치되어 있는 코스를 최고 속도로 달리는 빠른 속도의 스포츠이다.

어질리티에서 반려견은 속도와 정확성 측면에서 평가되며 모든 순종견과 혼종견이 참가할 수 있다. 어질리티는 극도로 물리적이고 활동적인 스포츠이기 때문에, 핸들러와 반려견 모두가 적절한 훈련받는 것이 중요하다. 어질리티는 활동적인 반려견들에게 좋은 운동원이고 수줍고 소심한 반려견들에게는 상당한 자신감을 심어준다.

어질리티에 관심이 있다면 어질리티 코스 테스트인 ACT를 살펴보아라. ACT 1은 초급 반려견이 순서대로 코스를 따라가고 및 퍼포먼스 기술을 시연할 수 있도록 설계된 초급 단계의 어질리티 경기다. ACT 2는 반려견이 추가적인 장애물을 수행하도록 요구한다.

오비디언스(Obedience)

오비디언스 훈련은 반려견들에게 더 나은 동반자가 되는 데 도움이 되는 기본적인 교육을 제공한다. 지시를 따르는 능력과 많은 신호에 대한 이해로 오비디언스 훈련을 받은 반려견들은 다른 반려견 스포츠에서도 뛰어나다. 전국의 AKC 오비디언스 클럽은 반려견을 더 나은 가족 반려동물로 훈련하거나 오비디언스 대회에서 경쟁할 수 있도록 도울 수 있다.

AKC 오비디언스는 경쟁을 위해 여러 수준으로 나뉜다. 오비디언스 타이틀에서 얻을 수 있는 세 가지 기본적인 레벨은 초급, 중급, 그리고 상급이다. 초급 오비디언스의 기술은 AKC CGC 테스트의 많은 기술 중 더 발전된 수준이다. 반려견들은 해당 레벨에서 타이틀을 얻기 위해 세 명의 다른 심판들로부터 각각 기본 점수 이상을 획득해야 한다(200점 만점에 최소 170점). 만약 반려견이 CGC 타이틀을 가지고 있다면, AKC 오비디언스 초급 단계 수업을 시작하기에 적합하다. 초급 단계에서는 반려견이 CGC에서 배운 것을 확장하고, 활동에서는 줄에 묶인 채로 힐, 피겨 8, 테스트를 위한 포즈, 앉기/기다리기, 그리고 (호출 시) 복귀명령을 포함한다. 초급 단계의 모든 활동은 복귀명령을 제외하고 목줄을 사용하여 수행한다.

포토맥의 래브라도 리트리버 클럽에서 CGC와 AKC Trick Dog의 새로운 수상자들에게 상을 주는 모습

목줄 풀기

CGC 테스트에서는 모든 활동이 목줄을 잡고 이루어진다. 초급 단계 오비디언스에서 반려견은 일부 운동(복귀명령, 힐, 프리 등)은 목줄 없이 진행한다. 중급 단계 오비디언스에서는 핸들러가 링에 들어서면 진행자가 목줄을 가져가 모든 것을 목줄 없이 수행해야 한다.

랠리(Rally)

AKC 랠리는 반려견과 보호자 모두 극찬을 아끼지 않을 정도로 AKC에서 가장 인기 있는 스포츠 중 하나다. 랠리는 AKC CGC 다음으로 하면 좋은 단계다. 랠리에서 핸들러/반려견 팀은 링에 입장하고 심판의 시작 지시에 따라 수행하여야 할 행동들을 지정하는 일련의 신호에 따라 그들의 페이스로 움직인다. 랠리 손신호 지시의 예로는 "멈추고 엎드리기", "엎드리기 및 반려견 주위를 돌기", "오른쪽으로 90도 회전", "반려견을 놔두고 두 걸음 걷기, 복귀명령 후 힐 하기, 앞으로 가기" 등이 있다. 핸들러는 이야기하고, 손뼉을 치고, 칭찬함으로써 코스 내내 반려견과 의사소통을 할 수 있다. 팀 간의 정확도에서 동점이 나올 경우, 코스를 완료한 속도로 승자가 결정된다.

트래킹(Tracking)

AKC 트래킹은 반려견들에게 인간의 냄새를 추적하고 따르도록 가르치는 활동이다. K9 경찰관들이 길을 잃은 아이나 숲으로 뛰어든 용의자를 추적하기 위해 반려견을 이용하는 것을 (실제로든 영화로든) 보았을 것이다.

얻을 수 있는 추적 타이틀은 크게 네 가지다. 첫 번째는 추적견(Tracking Dog, 이하 TD)으로, 반려견은 3~5번의 방향 전환을 하며 402~457미터 길이의 트랙을 따라가야 한다. 각 트랙은 (사람이 지나간 뒤) 30분에서 2시간이 경과한 후에 시작된다. 고급 추적견(Tracking Dog Excellent, 이하 TDX) 타이틀은 3~5시간이 경과한 후에 시작되며 반려견이 5~7번의 방향 전환을 하며 732~914미터 길이의 트랙을 완주해야 한다. TDX에는 크로스 트랙이 있는데, 이는 사람이 원래 트랙을 가로질러 감으로써 트랙을 따라가는 반려견을 더 어렵게 만드는 것을 의미한다.

다용도 추적견(Variable Surface Tracking, 이하 VST) 테스트는 반려견이 다양한 지표면(주차장, 건물 주변, 골목길)에서 변화하는 냄새 조건에 적응하면서 인간의 냄새를 인식하고 따라가는 능력을 검증하는 신뢰성 높은 테스트다.

도시 추적견(Tracking Dog Urban, 이하 TDU) 테스트는 도시의 다양한 냄새 조건에서 사람이 놓은 트랙을 따라가는 반려견의 능력을 평가한다.

퍼포먼스 경기

AKC의 퍼포먼스 경기는 순종견들이 원래 그들이 하도록 길러진 일을 하는 모습을 보여준다. 어스독 테스트(earthdog test), 양치기(herding), 루어 코싱(lure coursing), 필드 트라이얼(field trial), 사냥 테스트(hunt test), 후각 작업(scent work)은 AKC의 퍼포먼스 경기를 구성하는 경기다.

AKC 퍼포먼스 경기는 반려견들의 타고난 능력을 보여주는 경기이다. 반려견들은 주어진 임무를 얼마나 잘 수행했는지에 따라 평가된다. 퍼포먼스 경기에 참가하는 많은 견종의 반려견들은 높은 에너지, 추진력, 그리고 운동성을 가지고 있으며 먹을 것을 확보하는 데 도움이 되도록 발달해 왔다. 견종별로 적절한 능력에 맞도록 설계된 경기들이 있다. 루어 코싱은 모든 사이트하운드가 참여할 수 있고 작은 테리어와 땅굴을 들어갈 수 있는 견종들은 어스독에 참여할 수 있다. 또한, 양치기 테스트와 필드 트라이얼은 주로 목축견들이 참여한다. 리트리버, 포인팅 독, 그리고 스패니얼은 필드 트라이얼과 사냥 테스트에서의 주요 활약꾼이다. 비글, 바셋 하운드, 닥스훈트, 쿤하운드와 같은 사이트하운드는 필드 트라이얼에서 추적 기술을 뽐낼 수 있다. 모든 견종이 냄새를 감지할 수 있는 능력을 갖추고 있기 때문에 센트 워크*(scent work)는 모든 견종이 참여할 수 있다. 물론 일부 종은 태생적으로 다른 견종보다 훨씬 더 숙달되어 있다.

어스독 테스트 (Earthdog Tests)

어스독 테스트는 "땅에 들어갈 수 있는" 반려견들을 위한 것이다. 작은 테리어 견종과 닥스훈트는 원래 쥐나 오소리와 같은 땅속 사냥감의 굴, 구멍, 또는 땅굴로 들어가기 위해 사육되었다. 어스독 테스트에 참여하는 견종들의 길고 낮은 체형은 굴 속으로 기어들어 가거나 굴 밖으로 나오기에 매우 적합하다. 오늘날, 이 견종들은 여전히 땅굴에서 사냥감을 사냥하기 위해 본능을 사용하고 있으며 주니어 어스독(Junior Earthdog), 시니어 어스독(Senior Earthdog), 마스터 어스독(Master Earthdog), 이 세 가지 레벨에서 타이틀을 얻고 있다.

* 센트 워크: 후각 작업

양치기 테스트/트라이얼 및 농장견 자격증

개의 양치기의 본능은 한 세기 이상 전부터 신중하게 번식시킨 결과다. 양치기 테스트는 반려견들의 능력을 평가하기 위해 수행 기준에 따라 판단하는 단순하고 비경쟁적인 경기다. 양치기 테스트에는 Herding Instinct(HIC, 자격증), Herding Tested(HT, 타이틀), Herding Pre-Trial(PT, 타이틀), 이렇게 3가지 종류가 있다. 양치기 테스트는 반려견이 양치기의 기본적인 기술을 발휘할 수 있도록 설계되었다. 양치기 트라이얼은 반려견들이 양/염소, 오리, 소와 같은 특정 가축을 모으는 임무를 맡은 경쟁적인 경기이다. 이는 초급, 중급, 상급, 세 가지 난이도 중 하나로 지정된 코스 유형에 걸쳐 진행된다. 또한, 타이틀은 코스 유형, 난이도, 양치기 가축의 유형별로 획득할 수 있다. 테스트와 트라이얼 모두 반려견과 핸들러 사이의 긴밀한 업무수행 관계가 필요하다. 많은 핸들러가 트라이얼을 시작하기 전에 테스트 경험을 쌓는다.

농장견 자격증 테스트는 때때로 "농장견을 위한 CGC"로 묘사된다. 테스트는 반려견이 농장에서 마주치는 상황과 유사한 12가지 운동을 한다. 반려견은 심판에게 인사하고, 정해진 패턴을 따라 느슨한 목줄을 유지한 채로 걷고, 명령에 따라 건초더미 위로 점프하고, 가축 사이를 통과하고, 특이한 지면을 지나 문을 통과한다. 분리 감독 훈련에는 농장 동물들이 먹이를 먹는 동안 반려견은 통제된 상태를 유지해야 한다. 또한, 다른 반려견이나 소음에 대한 반응 역시 평가된다. 신체검사(핸들러가 이물질을 검사하는 시뮬레이션)를 하는 과정에서도 반려견은 가축이 주위에 있을 때 적절하게 행동해야만 한다. 이 사항들을 성공적으로 충족시킨 반려견들은 FDC 타이틀을 얻을 수 있다.

루어 코싱 테스트 및 트라이얼

루어 코싱은 반려견들이 인공 미끼를 따라 공터를 가로지르는 코스를 도는 관전하기 재미있는 경기이다. 미끼(흔히 하얀 손수건처럼 보이는 것)는 와이어에 부착되어 다양한 속도로 기계적으로 움직인다. 반려견들은 미끼가 움직이는 것을 보고, 수 세기 동안의 내재된 본능이 작동하여 추격이 시작된다.

사이드하운드는 굴곡이 심한 울퉁불퉁한 땅 위에서 빠른 속도로 먹이를 시각적으로 따라가고 물리적으로 추적할 수 있도록 개발됐다. 힘이 세면서도 우아한 이 반려견들은 트라이얼 동안 세 마리의 무리로 함께 달리며 주니어 몰이 사냥개(Junior Courser), 마스터 몰이 사냥개(Master Courser), 필드 챔피언(Field Champion) 타이틀을 놓고 경쟁한다. 반려견들은 코스를 얼마나 잘 따라갈 수 있는지에 따라 평가된다. 루어 코싱 테스트는 비경쟁적이며 코스를 잘 따라가거나 미끼를 추적하는 반려견의 능력을 측정한다. 이 테스트는 혼자 달리는 Junior Courser 테스트(JC, 타이틀)나 다른 반려견과 함께 달릴 수 있다는 것을 보여줘야 하는 Qualified Courser 테스트(QC, 자격증)가 있다.

AKC는 또한 CAT(Coursing Ability Test)와 Fast CAT(Fast Coursing Ability Test)를 진행한다. CAT를 통해 루어 코싱을 시작할 수 있다. 각각의 반려견은 274미터 또는 549미터 코스에서 개별적으로 달리고 미끼를 쫓는다. CAT는 사이트하운드가 아닌 모든 반려견을 대상으로 설계되었으며 합격 또는 불합격으로 등급이 매겨진다. 통과된 테스트 개수에 따라 4개의 CAT 타이틀 중 하나를 획득할 수 있다. 입문 레벨 타이틀은 CA라고 불리며, 그 반려견은 3개의 CAT 패스가 더 필요하다.

Fast CAT 또한 모든 반려견에게 열려 있는 재미있고 빠른 경기다. 각각의 반려견은 91미터의 직선 트랙을 달려 미끼를 쫓고 그 시간을 재는 것이다. Fast CAT는 합격/불합격으로만 판정되며 세 종류의 타이틀은 적립된 포인트와 통과된 횟수를 기준으로 획득할 수 있다. 반려견이 빨리 달릴수록, 더 많은 점수를 얻게 된다.

필드 트라이얼과 사냥 테스트

필드 트라이얼과 사냥 테스트는 모두 현장의 실제 사냥 상황을 시뮬레이션하여 반려견의 사냥 기술을 측정하는 데 사용된다. 사냥 테스트는 경쟁적이지 않으며 각 테스트 레벨에는 주니어, 시니어, 마스터, 세 가지 타이틀이 있다. 필드 트라이얼은 더 도전적이고 경쟁을 유도하는 것으로 우승 반려견은 필드 챔피언 타이틀을 얻을 수 있다.

비글, 바셋 하운드, 닥스훈트, 포인팅 독, 리트리버, 스패니얼을 위한 별도의 경기도 열린다. 이는 각 유형의 반려견들이 일을 할 때 서로 조금씩 목적과 스타일이 다르기 때문이다. 모든 사냥 견종은 사냥을 위해 길러졌지만 각각 다른 방식으로 일하고, 그 차이점들은 꽤 흥미롭다.

예를 들어, 스패니얼은 사냥감을 나오게 하는 반면, 포인팅 견종은 사냥감을 향해 찾아간다. 만약 당신에게 사냥 견종 반려견이 있다면, 반려견이 일하는 현장을 보는 것은 재미있을 것이다.

센트 워크

반려견은 후각에 관한 경기에서 자작나무, 아니스, 정향, 편백나무와 같은 필수 기름을 잔뜩 묻힌 솜을 통해 냄새를 찾는다. 반려견은 숨겨진 솜을 찾은 후에 발견한 것을 핸들러에게 알려주어야 한다. 반려견들은 컨테이너, 내부, 외부, 매립 등 여러 환경에서 (흔히 활동영역이라고 부르는) 수색을 완수해야 한다. 또한 각각의 활동영역당 초급, 고급, 우수, 마스터의 난이도가 있다. 반려견들은 핸들러의 냄새가 묻어 있는 물건을 찾아야 하기 때문에 핸들러 식별 검색 또한 수행해야 한다. 반려견들은 각 요소와 난이도에 따라 세 가지 세부 분야인 냄새 감별, 핸들러 감별, 수사에 대한 타이틀을 얻을 수 있다. 센트 워크에서 흥미로운 점은 반려견(그리고 반려견의 코)이 통제력을 가지고 있다는 것이다. 왜냐하면 핸들러는 냄새가 어디에 숨겨져 있는지 알 방법이 없기 때문이다. 반려견들은 집이나 수업에서 후각 훈련을 할 수 있다.

CGC 프로그램 색다르게 적용하기

비교적 짧은 기간에 AKC의 CGC 프로그램은 10개 이상의 테스트 항목이 생겼다. 이 챕터에서는 CGC 개념을 색다르게 응용한 많은 프로그램 중 일부를 설명한다.

1989년, 미국켄넬클럽은 책임감 있는 보호자들에게 보상하고 예의를 갖춘 반려견들을 인정하기 위해 CGC 프로그램을 도입했다. 그때까지는 아무도 CGC 프로그램이 반려견 가족 구성원의 예절에 대한 우리 문화에 대한 기대치에 극적으로 영향을 미칠 것이라고 꿈에도 생각하지 못했다. CGC 프로그램은 점점 더 다양한 환경에서 모든 곳의 반려견을 위한 보편적인 행동의 표준으로 채택되고 있다.

미국 농무부 비글 여단의 이지는 자랑스럽게 자신의 CGC 태그를 달았다.

비글 여단에는 CGC 테스트를 통과한 래브라도 리트리버도 포함된다.

동물 통제

동물 통제 기관의 많은 일 중 하나는 동물과 관련된 법령을 시행하는 것이다. 다른 사람이나 동물에게 상처를 주거나, 위협적인 행동을 하거나, 끊임없이 짖거나, 다른 사람의 권리를 침해하는 반려견뿐만 아니라 공공장소에서 반려견을 돌보지 않는 반려견 보호자들과 같은 문제를 다루기 위해 많은 조례가 만들어졌다.

법령의 범위는 반려견에게 입마개 착용을 의무화하는 것부터 보호자가 반려견과 함께 훈련 수업에 참석하도록 하는 것까지 내재된 폭력성에 따라 다양하다. 점점 더 많은 동물 통제 기관들이 반려견과 보호자를 위한 재활 조치로 CGC 훈련(이후 CGC 테스트 통과)을 요구하고 있다.

당연히 CGC 훈련만으로는 공격성 문제가 있는 반려견 문제를 해결할 수 없다. 하지만, 이러한 경우에는 보호자가 반려견을 통제하기 위해 선의의 노력을 기꺼이 한다는 점을 보여준다. 나아가, 반려견 보호자는 반려견을 적절하게 제한하고 통제하기로 동의하면서 책임감 있는 보호자 서약에 서명하는 것이다.

탐지견

미국 농무부 국립 탐지견 훈련 센터(National Detector Dog Training Center, 이하 NDDTC)는 탐지견 훈련의 일부로 CGC 프로그램을 사용해 왔다. 플로리다주 올랜도에 위치한 NDDTC는 화물견, 국경견뿐만 아니라 공항 비글을 훈련한다. 비글 여단의 CGC 프로그램은 2001년 NDDTC에서 당시 강사였던 수잔 엘리스(Susan Ellis)가 CGC 테스트 통과를 위해 네 팀의 핸들러와 반려견을 훈련하면서 처음 시작되었다. 한동안, CGC 프로그램은 탐지견 기본 수업 및 냄새 감지 작업 외의 탐지견을 위한 선택적 훈련이었다. 한참 후에 엘리스는 "CGC가 훨씬 더 집중적이고 자신감 있는 팀을 만들었다고 느꼈다"라며 CGC 훈련을 받은 팀들에게서 핸들러와 반려견의 유대가 증가하는 것을 알아차렸다고 보고했다.

보이스카우트

1910년에 설립된 미국 보이스카우트(현재 스카우트 BSA로 알려짐)는 많은 실용적인 기술과 관련된 상과 공훈 배지를 받은 스카우트로 인정하고 있다. CGC가 "강아지 보살피기" 공훈 배지 교육 과정에 추가되면서, 스카우트가 CGC 프로그램의 이점을 진정으로 인식하고 있음을 보여주었다.

4-H

최초의 4-H 클럽은 1900년대 초 시골 청소년들에게 혜택을 주기 위해 시작되었다. 많은 사람들이 이제 "4-H"를 들을 때, 젊은 사람들이 카운티 박람회에서 소나 염소를 보여주는 모습을 생각한다. 농업이 계속해서 4-H의 중요한 부분을 차지하고 있지만, 이 단체는 시대에 뒤처지지 않으려 하고 더 이상 농업 관련 훈련에만 집중하지 않는 현대적인 조직이다. 현재, 5세에서 19세 사이 650만 명 이상의 젊은 층들이 4-H의 회원이다. 이 젊은이들은 네 개의 H인 머리(Head), 심장(Heart), 손(Hands), 그리고 건강(Health)을 위해 일하고 있다.

아이들은 전국의 4-H 프로그램에서 반려견과 함께 CGC 자격증을 받기 위해 노력하고 있다.

미국 농무부를 모체로 하는 4-H는 "하면서 배워라"라는 슬로건을 유지해 왔다.

4-H가 제공하는 교육은 시민권, 리더십, 건강한 삶, 과학, 그리고 기술 분야에서의 실용적인 기술을 강조한다. 그리고 이들은 반려견 또한 잊지 않는다. 전국 4-H 클럽의 15만 명 이상의 젊은이들이 반려견 훈련, 반려견 관리, 4-H 도그쇼, 랠리, 오비디언스, 어질리티 등을 배우느라 바쁘다. AKC의 CGC 테스트는 반려견 훈련의 시작점으로써 4-H 리더 가이드에 추가되었다.

커뮤니티 칼리지

많은 도시에서 CGC 프로그램은 대학교에 자리를 잡기 시작했다. 2002년, 뉴멕시코주의 CGC 평가자인 메리 레더베리(Mary Leatherberry)는 산타페 커뮤니티 칼리지(Santa Fe Community College)에서 모델 CGC 프로그램을 시작했다. 반려견 훈련 수업은 가장 인기 있는 평생교육 중 하나가 되었으며, CGC 테스트 항목은 수업의 틀을 제공했다.

그 이후로 많은 커뮤니티 칼리지가 교육 과정에 CGC 훈련을 추가했다. CGC 수업은 오리건주 그랜트 패스에 있는 로그 커뮤니티 칼리지(Rogue Community College)와 텍사스주 댈러스에 있는 댈러스 카운티 커뮤니티 칼리지(Dallas County Community College)에서 수강할 수 있다. 메리 레슬리 윌슨(Mary Leslie Wilson)은 조지아주 반스빌에 있는 고든 주립 대학(Gordon State College)에서 CGC 수업을 가르쳤다. 졸업생들은 훈련을 계속하기 위해 랠리, 오비디언스, 어질리티 훈련에 참여한다. 윌슨이 학생들에게 반려견 훈련 목표에 관해 물었을 때, 대부분은 그들이 올바르게 행동하는 반려동물을 원하며 CGC 훈련이 이 목표를 달성하는 방법이라고 말했다.

뉴욕 허드슨에 있는 컬럼비아 그린 커뮤니티 칼리지(Columbia-Greene Community College)에서 또한 반려견 훈련 수업에 대한 관심이 증가하기 시작했다. "반려견들이 유행하고 있다"라고 이 대학의 지역사회 서비스 책임자인 로버트 보드라티(Robert Bodratti)가 말했다. 반려견 훈련 수업의 수요가 증가하자 컬럼비아 그린 커뮤니티 칼리지는 AKC CGC 평가자인 에디스 로저츠(Edith Rodgerdts)가 가르치는 수업 과정을 제공했다.

주택

반려견을 키우는 경우 임대 아파트나 공동주택에서 구입할 콘도를 찾기 어려울 수 있다. 다행스럽게도, 점점 더 많은 부동산 관리자가 사람들과 반려동물 사이의 유대감이 중요하다는 것을 깨닫고 있다. AKC의 CGC 프로그램은 증가하는 주택 상황에서 반려동물 정책의 일환으로 사용되어 오고 있다.

경우에 따라 경영진이 반려견 보호자를 만나 모든 보호자가 CGC 책임감 있는 보호자 서약서에 서명하기도 한다. 다른 경우에, 반려견들은 훈련받고 실제로 CGC 테스트를 통과해야 한다. 이는 오리건주 포틀랜드에 있는 태너 플레이스 콘도 단지(Tenner Place Condominiums)의 경우다. 호이트 스트리트 부동산이 지은 태너 플레이스 콘도 단지는 포틀랜드의 펄 디스트릭트 지역에 다시 생기를 불어넣어 주었다.

고급 콘도 단지에는 스튜디오, 원룸, 2침실 주택, 펜트하우스 등이 포함된다. 반려견 보호자들은 태너 플레이스에서 반려견을 기를 수 있지만, 반려견이 CGC 테스트를 통과했다는 증거를 보여줘야만 한다.

오리건주 벤드에 있는 이글 랜딩 아파트 주민들을 위한 인센티브 기반 프로그램이 시행되고 있다. 이글 랜딩의 진보적인 아파트 관리자들은 아파트 상주견들의 올바른 행동을 유도하기 위해, CGC 자격증을 취득한 반려견 보호자들에게 한 달간 무료 임대료를 추가로 제공한다.

주택 상황에서 CGC 프로그램(특히 책임감 있는 보호자 서약)은 부동산 관리자와 반려견 보호자가 "우리는 당신이 반려견을 사랑한다는 것을 알고 있다. 이곳에서 반려견을 키워도 되지만 이것이 조건이다"라고 말할 수 있게 해준다.

반려견 전문 견사

반려견 전문 견사는 휴가를 갈 때 반려견을 맡기는 장소였었다. 반려견은 잘 수 있는 공간, 음식, 그리고 물만 제공받았었고, 이것만이 서비스의 범위였다. 그러나 더는 아니다. 최근에 부쩍 많아진 전문 견사는 반려견의 모든 요구를 충족시킬 수 있는 고급 시설이다.

미네소타주 헤이스팅스에 있는 리오 그란 반려견 전문 견사(Rio Gran Dog Boarding)는 그러한 최첨단 시설 중 하나이다. 리오 그란은 50개 테마의 럭셔리 스위트가 포함된 15,000평방피트(약 1,400제곱미터)의 반려견 리조트이다.

미네소타주 헤이스팅스에 있는 리오 그란 반려견 전문 견사는 CGC 훈련과 테스트를 포함한 모든 범위의 서비스를 제공하는 현대의 반려견 전문 견사의 본보기이다.

건물 실내는 도시 테마를 가지고 있어서, 스위트룸 복도는 인간을 위한 디즈니 호텔에서 바로 나오는 것처럼 보이게 한다.

리오 그란의 주인들이 무언가를 하고 있다. 그들은 요즘 반려견 보호자들에 관해 두 가지를 이해하고 있다. 첫 번째는 그들은 반려견을 사랑하고 두 번째는 그들은 반려견과 재미있게 놀고 싶어 한다는 것이다. 이를 위해 리오 그란에는 반려견이나 보호자가 수업을 듣거나 반려견이 머무는 동안 수업에 참여할 수 있는 훈련 아카데미도 있다. 수업에는 오비디언스, 트릭 트레이닝, 플라이볼, 랠리, 디스크 독, 그리고 물론 CGC 테스트를 위한 준비와 훈련이 포함된다.

리오 그란 주인 카렌 베스카우(Karen Beskau)는 리오 그란에서 CGC의 역할에 관해 다음과 같이 말했다. "우리는 보호자들이 반려견을 우리에게 맡겼을 때, 반려견이 즐기고 기분이 좋아지도록 돕기 위해 존재한다. 우리가 진행 중인 CGC 수업과 CGC 테스트는 훈련에서 훌륭한 첫 단계를 제공한다. CGC 타이틀은 보호자와 반려견이 함께 이룰 수 있는 것이다. 반려견이 기본적으로 훈련이 되어 있고 좋은 매너를 가질 때, 반려견이 머무르는 동안 우리의 일이 훨씬 쉬워진다는 것을 알게 되었다."

법 제정

1990년에 플로리다의 반려견 애호가들은 책임감 있는 반려견 보호자들을 처벌하지 않으면서 시민들을 보호하고 동물 통제의 필요를 충족시키는 주 전체의 위험한 반려견 법을 통과시키기 위해 열심히 노력했다. 많은 위원회 회의에서 국회의원들은 "우리는 제한적인 법안을 통과시킬 수 있지만, 긍정적이고, 사전 예방적이며, 대중에게 반려견에 관해 교육할 수 있는 어떤 종류의 프로그램을 시행할 수 있을까?"라는 취지의 말을 하곤 했다. 정답은 항상 AKC의 CGC 프로그램이다.

이듬해인 1991년 플로리다주 의회는 미국 최초의 CGC 결의안을 통과시켰다. 고등학교 시절에 들었던 시민 윤리 수업을 되돌아 봤을 때, 결의안은 법이 아니라는 것을 기억할 것이다. 이는 단지 지지나 인정일 뿐이다. 법은 집행력이 있기 때문에 법을 어기면 벌금형이나 징역형을 받을 수 있다. 입법 결의안(일부 주에서는 결의안이 아닌 CGC 성명문을 통과)은 집행력이 없지만, CGC 프로그램이 무엇인지, 책임감 있는 반려견 주인의식이 무엇인지, 훈련의 이점을 입법자들에게 교육하는 데 탁월한 수단이다.

2019년 현재 48개 주와 미국 상원은 반려견과 관련된 문제는 반려견 보호자의 잘못이며 이들은 더 큰 책임감을 느껴야 할 것이며 반려견과 사람을 위한 훈련이 해결책임을 인정하며 CGC 결의안을 통과시켰다.

반려동물 면허증

반려동물 면허 프로그램은 많은 도시에서 동물 통제 서비스에 자금을 부분적으로 지원하기 위해 사용된다. 수년 전 현지 AKC 클럽과 AKC 현장 대표 빌 홀부르크(Bill Holbrook)가 협력한 결과, 반려견이 CGC 테스트를 통과했을 때 최초로 면허 할인 혜택을 제공한 도시는 세킴(워싱턴주 클라람 카운티)이다. 현재 클라람 카운티는 CGC 자격증을 받은 반려견 보호자들에게 면허를 10% 할인해 준다.

2009년 7월, 오리건주 클랙카마스 카운티의 카운티 위원회는 새로운 반려견 면허 인센티브 프로그램을 시행할 수 있도록 반려견 서비스를 승인했다. CGC 테스트를 통과한 보호자들은 반려견들의 평생 동안 매년 25%의 반려견 면허 할인을 받을 자격을 받았다. 클랙카마스 카운티 반려견 서비스의 매니저인 다이애나 홀마크(Diana Hallmark)는 다음과 같이 보고했다. "CGC 인센티브 프로그램에 대한 초기 반응은 매우 긍정적이었다. 반려견 서비스 부서는 지역사회 반려견 보호자들과 지역 수의사들로부터 CGC와 반려견 훈련에 관한 요청을 받아왔다. 우리는 더 많은 보호자가 반려견과 양질의 시간을 보내고 반려견이 훌륭한 이웃임을 보장하는 데 필요한 교육을 제공하여, 결과적으로 클랙카마스 카운티 반려견 통제 기관*들이 대응해야 하는 민원과 서비스 요청의 수를 줄일 수 있기를 바란다."

군대

군사 기지에 사는 군인 가족들은 종종 반려동물을 기른다. CGC 테스트는 포트 브래그(노스캐롤라이나), 포트 러커(앨라배마), 포트 포크(루이지애나)를 포함한 다수의 군사기지의 군 수의사(현지 CGC 평가자 및 반려견 훈련사의 도움을 받음)의 격려와 지원을 받아왔다.

The Dunes Dog Training Club은 특히 퇴역군인들과 그들의 반려견 동료들을 위한 CGC 훈련 수업을 주최한다.

* 반려견 통제 기관: 곤경에 처한(예: 유기, 학대) 반려견을 통제 및 관리하는 기관

훈련사이자 CGC 평가자인 조엘 노턴이 동물들에게 영화 제작을 준비시키는 프로그램인 Hollywood Paws에서 반려견과 반려견 보호자를 지도하는 모습. Hollywood Paws에서는 정기적으로 CGC 테스트를 시행한다.

영화

"촬영장에서 정숙하세요! …액션!" 영화와 브로드웨이 제작 현장에 있는 모든 사람은 감독의 지시를 따라야 하며, 이는 반려견 배우들도 마찬가지이다. 로스앤젤레스 센터 스튜디오의 캠퍼스에 있는 Hollywood Paws는 영화, 텔레비전, 그리고 광고에서 전문적인 스튜디오 작업을 위해 동물들을 준비시킨다. Hollywood Paws 트레이너들은 기본적인 오비디언스에서부터 영화 출연에 이르기까지 반려견, 반려견 보호자와 함께 일한다. Hollywood Paws는 반려견 영화배우들과 사랑받는 반려동물들 모두에게 좋은 매너의 중요성을 인식하고 있으며, 그들은 정기적으로 CGC 테스트를 운영한다.

Hollywood Paws는 영화와 텔레비전을 포함한 제작 작업에 이미 준비되었거나 훈련 중인 다양한 반려견(그리고 반려묘)을 소유하고 있다. 만약 반려동물 보호자가 자기 반려견을 스타로 만드는 꿈을 가지고 있다면, Hollywood Paws를 가야 한다. 훈련은 독특한 영화 세트장과 카메라 앞에서 일하는 것에 대한 도전을 극복하는 것에 초점을 맞추고 있다.

반려견들은 영화 세트장에서 음식 서비스가 점심을 들고 지나가고 여배우가 비명을 지르며 울고 있는 동안 누워서 죽은 척하는 것과 같은 CGC 수준의 방해보다 더 어려운 방해를 견뎌야 한다. 또한, 반려견이 핸들러로부터 멀리 떨어진 곳에서 일하고 복잡하고 연속적인 행동(예: 앉았다가 뒤로 6미터 이동하고 빠르게 눕는 것)을 수행하는 능력이 중요하다. CGC 훈련에서 반려견들은 보호자의 언어 신호를 따르는 법을 배운다.

할리우드에서 이 기술은 고급 행동인 "워크 어웨이(work away)"로 발전된다. 이는 반려견이 보호자가 보이지 않는 상태에서 보호자와 함께 일하고 보호자의 언어 신호를 들어야 한다는 것을 의미한다.

Hollywood Paws에는 세 단계의 수업이 있으며, 반려견들은 1단계가 끝날 때 CGC 테스트를 받는다. 2단계 졸업은 반려견이 영화 제작 투입에 고려될 수 있다는 것을 의미한다.

Hollywood Paws의 수석 트레이너이자 제작 코디네이터인 조엘 노턴(Joel Norton)은 왜 그들이 CGC 테스트를 채택했는지 설명한다. "CGC는 제삼자가 기본적인 오비디언스의 관점에서 우리 반려견들이 진전하는 모습을 확인할 수 있게 해주기 때문에 우리에게 중요하다. CGC 테스트는 반려견에 대한 통제를 중심으로 진행되기 때문에, 우리의 1단계 프로그램의 졸업 테스트에 완벽하게 적합하다. 표준 동물 대여 업체의 영화견은 CGC 테스트가 필수가 아니지만, 우리는 민간인 소유의 반려견을 사용하기 때문에 CGC 테스트가 제공하는 마음의 평화에 모두가 감사하고 있다."

그렇다면, CGC 자격증을 받은 반려견 영화 스타들은 누가 있을까? 아마도 노턴의 가장 유명한 배우는 영화 "에어 버디(Air Buddies)"의 스카우트라는 이름의 골든 리트리버일 것이다. 브래드 피트는 저리 가라. 스카우트는 또한 오킨(Orkin) 광고, 혈압약 광고, CBS 쇼 NUMB3RS에 출연했다. 다른 Hollywood Paws 졸업생들은 텔레비전 파일럿과 영화, MTV와 E!의 쇼, 그리고 버라이즌(Verizon), 마이크로소프트(Microsoft), 버거킹(Burger King), 그리고 니켈로디언(Nickelodeon)과 같은 주요 기업들의 텔레비전 광고에 출연한 반려견들이 있다.

공원

반려견 공원

반려견 공원은 반려견 보호자가 반려견들의 목줄을 풀고 놀 수 있도록 울타리가 쳐진 지역이다. 일부 반려견 공원은 마을 공원 안에 울타리가 쳐져 있고, 일부는 대도시 지역의 주택가에 있으며, 일부는 반려견 보호자가 회원권을 구입하여 이용할 수 있는 개인 소유 공원이다. 반려견 공원은 편의시설 없이 단순하게 울타리가 쳐진 풀이 많은 공간부터 반려견 컨트리 클럽과 비슷한 곳까지 다양하다.

펜실베니아주 세윅리에 있는 미스티 파인즈 반려견 공원(Misty Pines Dog Park)은 훌륭한 반려견 공원이다. 반려견들은 울타리가 쳐진 놀이터, 하이킹 코스, 어질리티 코스, 그리고 수영과 도크 다이빙을 포함한 수상 활동을 즐길 수 있다. 미스티 파인즈는 작은 반려견들과 강아지들을 위한 별도의 구역을 가지고 있다.

AKC의 CGC 테스트는 미스티 파인즈의 회원으로 있는 많은 반려견 보호자들의 목표다. 반려견 공원에서 CGC 테스트를 진행하는 AKC CGC 평가원은 다음과 같이 말했다. "모든 사람이 반려견 공원을 완전히 즐기기 위해서는 반려견과 반려견 보호자 모두가 좋은 매너를 가져야 한다. CGC 프로그램은 책임감이 무엇을 의미하는지에 관해 이야기하고 반려견에게 다른 사람들과 다른 반려견들 주변에 있기 위해 필요한 기본적인 기술을 가르칠 수 있는 정말 훌륭한 체제를 제공한다." 미스티 파인즈에 대한 자세한 내용은 www.mistypinespetcompany.com을 참조하라.

도시와 카운티 공원

울타리가 쳐진 반려견 공원이나 목줄이 없어도 되는 지역을 제외한 대부분의 장소에서, 목줄 관련법은 모든 공원에서 반려견들이 목줄을 매도록 요구한다. 무책임한 보호자들은 때때로 법을 위반한다. 훈련되지 않은 반려견들은 다른 사람들에게 미치광이처럼 달려가고, 보호자들은 "착하니까 괜찮을 거야!"라고 소리치며 따라온다. (우리는 앞 장에서 "착하니까 괜찮을 거야!"라는 현상을 설명했다.)

미국켄넬클럽은 반려견 보호자들이 목줄 관련법을 준수해야 한다고 믿는다. 그러나, 반려견이 조직적인 스포츠(예: 어질리티 시범)나 훈련 활동에 참여하는 경우와 같이, 공원에서 합법적으로 목줄을 차지 않아도 될 수 있는 몇몇 경우들이 있다. 반려견 애호가이며 반려견 훈련사이자 헌신적인 공무원 윌러드 베일리(Willard Bailey)는 애리조나주의 피닉스에 변화를 주었다. 이 변화는 공원들과 다른 주들의 오락 시설 관리국들이 쓸 수 있는 모델을 만들었다.

한때, 피닉스 공원에서 보호자가 반려견의 목줄을 채우지 않고 오비디언스, 트라이얼을 연습하는 것은 불법이었다. 몇 달 후, 셀 수 없이 많은 전략 세션, 프레젠테이션, 위원회 회의와 같은 큰 노력 끝에, 베일리와 다른 피닉스 반려견 훈련사들은 훈련사들이 반려견을 목줄 없이 훈련할 수 있도록 목줄 법을 개정하는 데 성공했다. CGC 프로그램이 피닉스 도시 조례 8-14로 알려진 업데이트된 목줄 법 제정에 큰 역할을 한다. 그 조례는 (요약되어) 다음과 같이 말하고 있다.

반려견 보호자들은 그들의 소유지가 아닐 때 반려견을 목줄에 묶어 두어야 한다. 예외는 다음과 같다.

- 법 집행 기관에 의해 또는 법 집행 기관의 지시에 따라 사용되는 동물.
- 켄넬 클럽 행사나 공식적인 도시 행사에서 전시되거나 훈련받는 반려견.
- 목줄이 없어도 되는 구역(반려견 공원)에 있는 반려견.

소유자/보호자는 다음 조건을 모두 충족할 경우, 국가적으로 공인된 반려견 스포츠를 위해 반려견을 교육하고 지도할 수 있다.

a. 소유자/보호자는 자신이 소유하는 목줄이 있고,

b. 목줄이 묶여 있지 않은 다른 반려견이 없으며,

c. 반려견을 시야와 음성 범위 내에 두고, 반려견이 사람이나 다른 동물을 괴롭히거나 방해하지 않으며 공격성을 나타내지 않도록 하기 위해 청각적 또는 시각적 명령을 적극적으로 사용한다.

d. 경찰관의 요청에 따라 반려견이 음성 명령에 따라 즉시 복귀할 수 있음을 입증할 수 있어야 한다. 또한 반려견은 복귀 후에 보호자의 곁에 있어야 한다.

e. 소유자/보호자는 국가적으로 공인된 반려견 스포츠 단체의 "반려견 스포츠 퍼포먼스 타이틀 인증서"(예: 오비디언스, 어질리티 등의 타이틀) 또는 미국켄넬클럽의 "Canine Good Citizen" 프로그램 인증서를 소지하고 있어야 한다.

반려견 보호자들은 법을 어기는 대신 시·군 공무원들과 효과적으로 협력해 조례를 개정해 공원에서 조직적인 반려견 훈련 활동을 허용하도록 노력할 수 있다. 법을 바꾸거나 조례를 개정하는 것은 쉽지 않다. 체계적인 접근과 많은 사람들의 도움이 필요한 길고 힘든 길이다. 하지만 할 수 있다. 시스템을 바꾸기 위해 효과적으로 일했던 피닉스의 반려견 훈련사들에게 부탁하기만 하면 된다.

K9 경찰견

K9 경찰견들은 경찰관들을 보호하고 물기 작업에서부터 폭탄과 마약 탐지에 이르기까지 많은 일들을 돕는다. 경찰관들은 K9 경찰견으로 일하는 반려견들이 대중과 자주 접촉하기 때문에 진보되고 고도로 전문화된 훈련 외에도, 이 반려견들이 시민들과 다른 동물들 앞에서 잘 행동하고 안전해야 한다는 것을 알고 있다. 이러한 이유로, 많은 경찰 K9 반려견이 CGC 자격증을 위해 훈련과 테스트를 받았다.

짐 파자노(Jim Faggiano)는 AKC 승인 CGC 평가자다. 또한 그는 경찰견을 전문으로 하는 반려견 훈련사이자 캘리포니아주의 POST(Police Officer Standards for Training) 평가자이기도 하다. 파자노는 K9 경찰견 기술 반려견 테스트 외에도 지역사회에서 인정하는 표준이 중요하다고 생각하기 때문에 POST 평가 동안 AKC의 CGC 테스트를 관장한다.

위 CGC 졸업생 그룹은 훈련 중인 서비스견과 미래의 경찰견을 보여준다.

교도소 프로그램

(남성과 여성) 수감자들이 반려견을 훈련하는 교도소 프로그램은 100개가 넘는다. 어떤 수감자들은 서비스견 프로그램을 위해 강아지를 사육하고, 또 다른 수감자들은 훈련 후 보호소로 돌아갈 보호견들을 훈련해 입양될 수 있도록 한다. CGC 프로그램은 교도소를 기반으로 한 많은 반려견 훈련 프로그램의 훈련 표준으로 사용된다.

아마도 수감자들이 입양 갈 보호소 개를 훈련할 때만큼 모두에게 좋은 일은 없을 것이다. 수감자들은 사회에 환원할 기회를 얻고, 개들은 새롭고 정다운 집으로 갈 기회를 얻는다.

보호소/인도적인 단체

슬프게도 반려견들이 보호소에 버려지는 가장 흔한 이유 중 하나는 행동 문제를 가지고 있기 때문이다. 이러한 문제의 대부분은 (반려견과 보호자 모두의) 기본적인 훈련으로 쉽게 해결될 수 있었다. 많은 보호소에는 개들이 입양 가정에서의 성공적인 배정을 위해 좋은 출발을 할 수 있도록 개들을 위한 CGC 훈련 프로그램이 있다. 유급 트레이너나 훈련사가 없는 보호소를 위해, 지역 애견 클럽이나 지역사회의 자원봉사자들이 훈련을 제공한다. 일부 보호소들은 보호소 직원이 반려견 훈련에 참여할 수 있도록 한다. 이는 많은 시간을 문제와 어려운 문제를 다루는 데 쓰는 직원들에게 고무적이고 멋진 경험이다.

보호소 기반 CGC 프로그램은 OGC-Ready 모델을 사용하여 반려견을 훈련하고 CGC 테스트를 준비한다. 반려견들이 입양되면 새로운 보호자와 함께 테스트를 치른다.

구조 단체

구조 단체는 보호소나 문제 상황(예: 보호자가 죽어 반려견이 집을 잃은 경우)에서 반려견을 빼내는 단체이다. 구조 단체의 주요 기능 중 하나는 반려견에게 사랑 많은 집을 찾아주는 것이다. 많은 구조 단체들은 의료 서비스를 필요로 하는 개들에게 제공하는 것 외에도 행동 문제 때문에 버려진 개에게 훈련을 제공하기 시작했다.

피닉스는 학대적인 환경에서 살다가 보살핌과 훈련으로 재활되어 CGC 타이틀 얻었다.

이 반려견들은 보통 위탁 가정에서 지내는데, 입양되기 전에 자원봉사자 수양 가족들에게 훈련받는다. 점점 더 많은 구조 단체들이 반려견들이 입양 보호자들과 함께 CGC 테스트를 받을 수 있도록 준비하기 위해 CGC-Ready 프로그램을 사용하고 있다.

미국 웰시 스프링어 스패니얼 클럽(WSSCA)은 AKC 전국 부모클럽의 헌신적인 회원들에 의해 행해진 놀라운 구조 작업을 한 많은 예시 중 하나일 뿐이다. WSSCA의 구조 결과는 다음과 같다.

책임감 있는 웰시 스프링어 스패니얼 보호자는 그녀가 죽었을 때 그녀의 반려견들이 그녀의 가족에게 갈 것이라고 보장했다. 보호자가 죽자, 가족들은 반려견들을 데려갔고, 짧은 시간 안에, 그들은 반려견들을 키울 수 없다고 결론냈다. WSSCA 구조대에 연락이 닿았다. 캔자스에 위치한 WSSCA 구조 위원회 위원은 반려견들을 구하기 위해 그녀의 가족과 함께 노력했고, 그녀는 다른 회원이 반려견들의 배정을 도울 수 있을 때까지 그들을 돌보았다. 두 번째 WSSCA 구조 위원이 일을 쉬고 시간을 내어 웨스트 버지니아에서 캔자스까지 차를 몰고 가, 다섯 마리의 반려견을 데리고 다시 웨스트 버지니아로 돌아갔다. 반려견들을 미용하고 수의학적 검사를 마친 후, WSSCA는 입양할 가능성이 있는 사람들을 주의 깊게 심사했고 결국 다섯 마리의 반려견 모두 정다운 집에 입양 보냈다.

이 헌신적인 AKC 전국 부모클럽과 전국의 많은 다른 사람들은 그들이 사랑하는 견종이 보호소에서 생을 마감하지 않도록 하기 위해 지칠 줄 모르고 일한다. 미국켄넬클럽에는 현재 거의 200종의 견종이 등록됐다. 각각의 견종들은 전국적 규모의 부모클럽을 가지고 있고, 우리는 대부분의 클럽이 잘 조직되어 있는 적극적인 구조 단체라는 것이 매우 자랑스럽다. 반려견을 위탁하고, 새로운 집으로 이동하는 것을 돕고, 지역 보호소의 사육 자원봉사를 하기 위해 자원봉사자들은 언제나 필요하다.

치료 도우미견, 마시모는 도서관 독서 프로그램에서 가장 좋아하는 손님이다.

좋아하는 견종 구조에 참여하기 위해 www.akc.org로 이동하여 "Breeds(견종)"를 클릭하고 관심 있는 견종으로 이동한 후 "Find Rescue(구조 단체 찾기)"를 클릭하라.

치료 도우미견

매년 수만 마리의 치료 도우미견과 그들의 보호자들이 병원, 요양원, 학교, 발달 장애 프로그램, 그리고 많은 다른 환경을 방문하여 사람들을 행복하게 하고, 어떤 경우에는 새로운 기술을 가르치기도 한다. 많은 치료 도우미견 프로그램은 프로그램 참여의 사전 조건으로 CGC 테스트를 요구하고 있다. 치료 도우미견은 서비스견이 아니며, 서비스견과 동일하게 공공장소 접근 권한을 가지고 있지 않다는 점에 주목하는 것이 중요하다.

서비스견

서비스견은 장애를 가진 사람들을 돕는 반려견이다. 각각의 보조견들은 보호자의 장애와 관련된 특정한 일들을 수행하도록 훈련받는다. CGC 자격증을 받는다고 해서 반려견에게 서비스견에게 부여된 공공장소(식당, 비행기, 가게 등)에 대한 특별한 접근권을 주지 않는다. 장애를 가진 사람들은 공공장소에서 그들의 반려견 도우미를 데리고 다닐 권리를 얻기 위해 수십 년 동안 고군분투해 왔다. 반려견이 서비스견이라는 것을 주장할 목적으로 CGC 자격증을 사용하는 것은 절대적으로 비윤리적일 것이다.

많은 장애인은 서비스견들이 CGC 테스트를 통과하기를 원한다. 비록 이 반려견들이 냉장고 문을 열고, 은행 출납원에게 수표를 주고, 떨어뜨린 휴대전화를 집어 드는 것과 같은 고급 기술을 가지고 있지만, 많은 서비스견 보호자는 그들의 서비스견들이 일반 대중에게 가장 잘 알려진 테스트인 AKC의 CGC 테스트를 통과하기를 원한다.

수색 및 구조

놀라운 청력, 밤에 잘 볼 수 있는 능력, 비상한 후각, 그리고 신체적 인내력 때문에, 반려견들은 실종된 사람들을 찾을 때 아주 유용한 수단이다. 훌륭한 수색 및 구조(SAR) 반려견들은 실종된 사람을 찾는 능력이 필요할 뿐만 아니라, 또한 사람이 발견되었을 때 적절하게 행동하기 위해 요구되는 좋은 매너와 훈련이 필요하다. 사람이나 다른 동물들에게 공격적인 SAR 반려견은 많은 사람 및 반려견과 관련된 수색 상황에서 큰 도움이 되지 않을 것이다.

1997년, 전미 수색 및 구조 협회(NASAR)는 NASAR SAR 반려견 인증 프로그램을 위한 표준화된 교육 과정의 개요를 설명했다. CGC는 NASAR 요구 사항을 충족하는 행동 평가이다.

수색 및 구조에 관심이 있다면, 이 일이 심각한 일이고 반려견의 일은 그 상황의 일부일 뿐이라는 것을 알아야 한다. 반려견이 다친 사람의 생명을 발견했을 때 그 사람의 생명은 인간인 당신이 무엇을 하느냐에 달려있다. SAR 인증은 핸들러에게 많은 교육을 요구한다. 핸들러는 응급 처치 과정을 통과하거나 의료 교육을 받아야 하며, 사고 관리 교육을 이수하고, 특정 구조 기술에 대한 교육 및 인증을 받아야 하며, 심폐소생술(CPR) 인증을 받아야 한다. 이 일은 핸들러와 반려견 모두에게 큰 책무이다.

수의사

수의사는 종종 반려견 보호자들이 알게 되고 신뢰하는 첫 번째 동물 케어 전문가이다. 최근 몇 년 동안, CGC 프로그램은 다양한 수의학적 환경에 적용되었다.

1997년에 마이클 라핀(Michael A. Lappin) DVM은 자신의 매사추세츠 수의사 클리닉에서 모델 CGC 프로그램을 구현했다. AKC Gazette의 한 기사에 소개된 이 프로그램은 전국의 많은 다른 동물병원에게 영감을 주었다. 라핀 박사의 CGC 프로그램의 주요 특징은 다음과 같았다.

- 모든 고객에게 CGC의 이점에 대한 정보를 제공
- 진료 외 시간에 고객 및 비고객을 대상으로 CGC 교육
- 교육 세션 후 CGC 응시
- CGC 자격증이나 다른 고급 오비디언스 타이틀을 받은 반려견에게 서비스 10% 할인
- CGC의 리콜 카드(병원 일정을 상기시켜 주는 메시지)를 고객에게 전달(예: "반려견의 연례 검사와 예방접종이 필요한 시기를 상기시켜 주는 것일 뿐이다. 기억하라, 만약 반려견이 CGC 테스트를 통과한다면, 당신은 수의 서비스에 대한 할인을 받을 수 있다. CGC 교육 및 테스트에 대한 정보는 당사에 문의하라.")

라핀 박사는 반려견을 훈련하는 것이 반려견과 보호자 사이의 유대감을 증진한다는 것을 알고 있다. 수의사들이 잘 훈련된 반려견들에게 주는 다른 보너스가 있다. 수의학 잡지인 "Veterinary Economics"의 한 기사는 동물병원에서 얌전히 행동하는 반려동물의 재정적 이점을 지적했다. 수의사가 한 명 이상의 조수 없이 반려견을 다룰 수 있을 때, 그 직원들은 다른 일을 할 수 있다. 즉, 하루 동안 더 많은 일을 처리할 수 있기 때문에 추가적인 수익이 발생한다. 수의사가 반려견을 진찰하기 위해 30분 동안 반려견을 통제해야 할 때, 반려견은 불안해하고, 보호자는 굴욕감을 느끼고, 수의사는 좌절하거나 심지어 물릴 위험이 있기 때문에 훈련되지 않은 반려견을 다루는 것이 시련으로 바뀔 수 있다는 것을 알 수 있다.

마이클 라핀 박사는 자신의 수의학 실습에 CGC 원칙을 도입한 선구자이다.

또한 CGC 프로그램은 수의사들을 위한 대학 훈련 프로그램에서 큰 역할을 해왔다. 조세핀 듀블러(Josephine Deubler) 박사는 반려견 세계의 위대한 여성 중 한 명이었다. 펜실베니아 대학 수의대를 여성 최초로 졸업한 듀블러 박사는 1938년에 VMD를 받았고 50년 이상 수의대 교수진의 일원이었다. 펜실베니아 대학의 유전자 질환 검사 실험실은 그녀의 이름으로 명칭되고 있다.

전시자, 도그쇼 심사위원, 그리고 동물 복지 분야에서의 지도자로서 수십 년의 경험으로, 듀블러 박사는 반려견과 그들의 보호자들을 위한 CGC 프로그램의 잠재적인 이점을 인식했다. 그녀는 많은 반려견 보호자가 수의사와 행동 문제에 관해 이야기하고 사전 예방적인 조기 훈련이 중요하다는 것을 이해했다.

그녀가 도그쇼에서 저녁 식사 대화를 하는 동안 CGC 프로그램에 관해 들었을 때, 듀블러 박사는 액션을 취했다. 몇 주 안에, 펜실베니아 수의대는 CGC 자료를 받았고, 수의학과 학생들과 반려견 보호자들은 서로에게 배우기 위해 CGC 프로그램을 효과적으로 사용했다.

플로리다 대학교 신다 크로포드(Cynda Crawford) DVM 박사는 반려견 인플루엔자 바이러스와 관련된 주요한 발견을 한 국가적으로 인정받는 연구원으로 가장 잘 알려져 있다. 그녀는 대부분의 날을 과학에 초점을 둔 연구실에서 보냈지만, 크로포드 박사는 또한 반려견의 CGC 테스트를 관장하고 치료 작업을 위해 반려견을 평가하는 수의학과 학생들의 교수진 조언자이기도 했다. 이 젊은 수의사들은 반려견의 건강에는 신체뿐 아니라 행동도 포함된다는 것을 반려견 보호자들이 이해하도록 돕는 존경받는 전문가로서 진출하였다.

작업 환경

반려견의 치료 이점은 제대로 문서화되어 있다. 반려견을 사랑하는 우리를 위해 과학은 반려견이 인간의 혈압을 낮추고 스트레스를 줄일 수 있다고 말한다. 그리고 아마도 우리가 직장에 있을 때보다 스트레스 해소가 더 필요한 곳은 없을 것이다.

미국켄넬클럽의 노스캐롤라이나주의 롤리(Raleigh) 사무실에는 전국의 다른 프로그램의 모델로 사용되어 온 "건물 안 반려견 프로그램"이 있다. AKC 직원들과 함께 일하러 오는 반려견들은 다음과 같이 해야 한다.

- CGC 및 AKC Community Canine 테스트를 통과해야 한다. 반려견 보호자는 CGC 테스트의 일환으로 책임감 있는 보호자 서약에 서명해야 한다.
- 수의사에게 반려견이 건강하다는 증명서를 받아야 한다.
- 광견병 예방접종을 했다는 증거를 가지고 있어야 한다.
- 벼룩/진드기 방지 프로그램을 마련해야 한다.
- 사무실에 머무는 동안 조용하며, 하루 동안 문제를 일으키지 않는 능력처럼 CGC를 넘어서는 기술을 시연해야 한다. 반려견 보호자는 출입구에 아기용 문을 설치하고 필요할 때 크레이트를 사용한다.

  직장에서 규칙을 따를 필요가 있는 사람은 반려견뿐만이 아니다. 보호자들은 다음에 동의해야 한다.
- 지정된 구역에서만 반려견을 산책시킨다.
- 반려견의 흔적을 깨끗이 청소한다.
- 필요한 경우 반려견을 데리고 나갈 수 있는 "백업" 친구를 명시하고, 문제가 생기거나 반려견 보호자가 회의 중인 경우 등 도움을 줄 수 있다. 사무실 문 옆에 안내판(반려견과의 사진, 보호자와 반려견 이름, 명시된 친구)을 붙인다.
- 지정된 "반려견용 엘리베이터"만 사용해야 한다. 이는 알레르기가 있거나 반려견을 무서워할 수 있는 사람들과 건물 거주자들에게 공간을 제공하기 위함이다.
- 동물 알레르기가 있을 수 있는 직원의 권리를 존중해야 한다. 이 경우 알레르기가 있는 직원의 건강이 우선이다.
- 일부 사람들이 반려견을 무서워하거나 반려견과 상호작용하기를 원하지 않는다는 것을 인식하여 방문객의 권리를 존중하고 건물 "이웃"(Raleigh 건물은 다른 회사와 공유함)을 존중해야 한다.
- 반려견이 생산성과 작업 진행을 방해하지 않도록 해야 한다.
- (문제 발생 시 대비하여) 주택 소유자 보험 또는 임대자 보험에 대한 문서를 제공해야 한다.
- 문제가 있을 때는 "건물 안 반려견" 위원회의 권고 사항을 따라야 한다.

모든 반려견 보호자를 위한 AKC 활용법

우리 미국켄넬클럽은 도그쇼를 뛰어넘는다. 우리의 반려견들은 단지 챔피언 반려견들이 아니라, 반려견들의 챔피언이다. 이 장에서는 이전 장에서 다루지 않았던 많은 서비스와 프로그램에 관해 간략히 설명한다.

1884년에 설립된 AKC는 매년 5,000개 이상의 반려견 클럽과 22,000개 이상의 다양한 종류의 행사를 개최한다. AKC는 "클럽들로 구성된 클럽"이다. 이는 개인으로서 AKC의 회원이 될 수 없다는 것을 의미한다. 회원들은 전국의 애견 클럽들이며, 개별 견종의 보호자 역할을 하는 것이 바로 이 클럽들이다.

AKC는 반려견 보호자들이 반려견 훈련을 한 단계 더 발전시키고 지역 AKC 클럽이 제공하는 경쟁력이 있는 기회를 즐기도록 장려한다.

AKC 반려견 박물관 (AKC Museum of the Dog)

세계에서 가장 큰 반려견 관련 미술 소장품 중 하나를 보유하고 있는 AKC 반려견 박물관은 우리 사회에서의 반려견의 역할을 기념한다. 미술과 최첨단의 설명 디스플레이와 결합하여 상을 받음으로써 이 박물관을 세계에서 가장 훌륭한 박물관 중 하나로 만든다. 박물관은 이전에 세인트루이스에 있었지만, 현재는 뉴욕시의 파크 애비뉴 101번지(101 Park Avenue)에 위치한다.

AKC Reunite

우리는 모두 반려견을 사랑하고 그들을 보호하기 위해 모든 예방책을 취하지만, 때때로 사고가 발생하기도 하고 반려견은 길을 잃기도 한다.

AKC Reunite(구 Companion Animal Recovery)은 연

락처가 적힌 마이크로칩, 문신, 목걸이 태그를 가진 반려동물을 위해 평생 회복 서비스를 제공한다. AKC Reunite은 길 잃은 반려동물들이 1년 365일 24시간 집에 돌아갈 수 있도록 도울 준비가 되어 있다. 1995년 이래로, 50만 마리 이상의 잃어버린 반려동물들이 성공적으로 가족들과 재회했다.

반려견 건강 재단(Canine Health Foundation, CHF)

AKC 반려견 건강 재단의 미션은 "반려견과 보호자의 전반적인 삶의 질을 향상하기 위해 개 유전학에 중점을 둔 기본 및 응용 건강 프로그램을 위한 자원을 개발하는 것"이다. CHF는 반려견의 유전 질환을 제거하기 위해 열심히 일하고 있다. CHF가 수행한 연구는 순종과 혼종을 막론하고 모든 반려견에게 이익이 된다.

클럽 관계

AKC는 전문 클럽(특정 견종을 위한 클럽), 도그쇼를 위한 올 브리드(all-breed) 클럽, 퍼포먼스 클럽, 오비디언스 클럽(오비디언스, 랠리, 때로는 어질리티를 가르치는 클럽), 어질리티 클럽 등을 포함하여 전국적으로 클럽을 가지고 있다. 만약 반려견을 훈련하는 것에 관심이 있다면, 근처에 있는 AKC 클럽을 확인하라. 이는 교육 및 시합 목표를 달성하는 데 도움을 줄 수 있는 숙련된 트레이너를 찾을 수 있게 한다. 당신은 반려견에 대한 사랑을 공유하는 멋진 그룹에서 사람들을 만나고 훈련할 기회를 얻을 것이다. 가까운 AKC 클럽을 찾으려면 www.akc.org으로 이동하여 "클럽(club)"을 클릭하라.

고객 관계

질문이 있고 도움이 필요할 때는 AKC 고객 서비스 콜센터의 친절한 직원이 도움을 줄 것이다. 고객 서비스 부서는 등록 문제에서부터 CGC 테스트 키트 주문에 이르기까지 한 달에 55,000개의 질문과 하루에 수백 개의 이메일을 처리한다. 고객 서비스 시간은 평일 오전 8시 30분부터 오후 5시까지다.

DNA

AKC의 DNA 운영부(DNA Operation Department)는 반려견들을 돕기 위해 가장 현대적인 DNA 기술을 사용한다. 이 부서는 반려견의 유전적 정체성을 확립하기 위해 DNA 기술을 사용한다. DNA 샘플 수집은 작은 면봉으로 반려견의 뺨 안쪽을 닦는 것으로 고통 없이 이루어지는 과정이다. 면봉에 달라붙은 세포는 분석할 수 있는 DNA의 원천이다.

핸들러 프로그램

반려견은 도그쇼에서 보호자, 친구 또는 전문 핸들러에 의해 보여진다. AKC Registered Handlers 프로그램은 핸들러가 돌보는 모든 반려견의 건강과 복지를 보장하기 위해 시작되었다. 이 프로그램에 참여하려면, 핸들러는 신청 절차를 완료하고, 특정 기준을 충족하며, 윤리 강령을 준수해야 한다.

심사위원 교육

심사위원 교육은 도그쇼에서 분명히 중요하지만, 심사위원들의 역할은 쇼를 보는 것에 그치지 않는다. AKC 심사위원들은 전국의 세미나와 기관에서 집중적인 실습 교육을 받는다. 그들은 개별 견종에 대한 움직임, 신체 구조, 견종이 가지고 있을 수 있는 건강 문제, 기질 등에 대한 전문가가 된다. 잘 훈련된 전문가로 이루어진 핵심 그룹이 있다는 것은 순종 반려견 입양을 고려하는 누구에게나 이로울 수 있다.

입법

한때 AKC 반려견 법제 부서(AKC Canine Legislation Department)였던 부서는 현재 AKC 대정부 관계(AKC Government Relations)라는 이름으로 바뀌었다. 이 부서는 반려견과 관련된 법률을 모니터링하고 입법 문제를 해결하고 있는 반려견 애호가들을 지원하는 역할을 하는 부서다.

도서관

당신이 반려견을 사랑한다면, 적어도 한 번은 미국켄넬클럽의 도서관을 방문해야 한다. 파크 애비뉴 101번지(Park Avenue 101)에 있는 AKC 뉴욕 사무실에 위치한 이 도서관은 2,500권의 희귀한 책, 잡지, 우표, 장서표, 그리고 비디오를 포함하여 19,000권 이상의 자료를 소장하고 있다. 이 도서관은 세계에서 가장 인상적인 반려견 책 컬렉션 중 하나를 가지고 있기 때문에, 최신 원고를 쓰고 있는 작가들과 학자들의 작업물을 볼 수 있을 것이다.

발행물

만약 반려견에 관해 더 배우고 싶다면, AKC가 가지고 있는 몇 가지 발행물은 당신의 흥미를 끌 수 있을 것이다. AKC Gazette는 반려견의 모든 측면을 다루는 기사가 있는 디지털 월간 올 브리드(all-breed; 모든 견종) 잡지이다. AKC Family Dog는 오늘날의 바쁜 반려견 보호자를 위해 재미있는 스타일로 쓰인 실용적인 기사가 있는 격월간 잡지이다.

반려견이 지역사회에 참여할 수 있는 많은 방법이 있다.

공교육

AKC의 공교육 부서(AKC Public Education Division)는 반려견 삶의 관점에서 인간을 교육하는 일을 한다. AKC 공교육의 목표는 반려견 보호자, 일반 대중, 교육자, 그리고 입법자들에게 책임감 있는 반려견 주인의식과 반려견 활동에 참여하는 기쁨을 가르치는 것이다. AKC 클럽의 자원봉사자들은 학교와 청소년 프로그램을 방문하여 반려견 주변의 안전과 책임감 있는 주인의식과 같은 주제에 관해 가르치는 반려견 홍보대사(Canine Ambassadors) 역할을 한다.

웹사이트

아직 AKC의 웹사이트를 방문하지 않았다면 잠시 시간을 갖고 www.akc.org로 이동하라. 만약 반려견에 관심이 있다면, 당신은 인터넷에서 가장 인기 있는 반려견 관련 웹사이트를 방문할 때 굉장히 즐거울 것이다. 여러분은 반려견 문제와 관련된 최신 뉴스를 읽을 수 있고, 온라인 상점에서 쇼핑하고, 견종에 관해 배우고, 견종 구조 단체를 찾고, 관중으로 참여하거나 참석할 예정인 경기를 찾을 수 있으며, CGC 또는 AKC S.T.A.R. Puppy의 트레이너 또는 평가자 외에도 많은 것을 찾을 수 있을 것이다.

역자 약력

강성호

한국반려견예절교육협의회 회장
강성호반려견스쿨 대표
(사)한국애견연맹 훈련사위원회 위원장
미국켄넬클럽(American Kennel Club; AKC) CGC 심사위원
연암대학교 동물보호계열 반려동물학과 겸임교수
경기대학교 대체의학대학원 대체의학과 동물매개자연치유전공 외래교수

김윤

경기대학교 대체의학대학원 대체의학과 동물매개자연치유전공 주임교수
경기대학교 Fine Arts학부(서양화전공) 교수

정재원

경기대학교 대체의학대학원 대체의학과 미술치료전공 조교수

양지민

한국반려견예절교육협의회 기획위원장

허정인

한국반려견예절교육협의회 대외협력위원장

진인선

한국반려견예절교육협의회 사회봉사위원장

조예린

한국반려견예절교육협의회 대외협력부위원장

반려견 교육 및 훈련 문의

홈페이지 http://www.kdog.or.kr
고객센터 010-7568-9369

kdog.or.kr

CGC 훈련: 예의 바른 반려견을 위한 10가지 필수 기술

초판발행 2023년 12월 20일

지은이 Mary R. Burch, PhD
옮긴이 강성호·김 윤·정재원·양지민·허정인·진인선·조예린
펴낸이 노 현

기획/마케팅 김한유
편 집 김다혜
표지디자인 이은지
제 작 고철민·조영환

펴낸곳 ㈜ 피와이메이트
서울특별시 금천구 가산디지털2로 53, 한라시그마밸리 210호(가산동)
등록 2014. 2. 12. 제2018-000080호
전 화 02)733-6771
f a x 02)736-4818
e-mail pys@pybook.co.kr
homepage www.pybook.co.kr
ISBN 979-11-6519-479-6 93490

정 가 17,000원

박영스토리는 박영사와 함께하는 브랜드입니다.